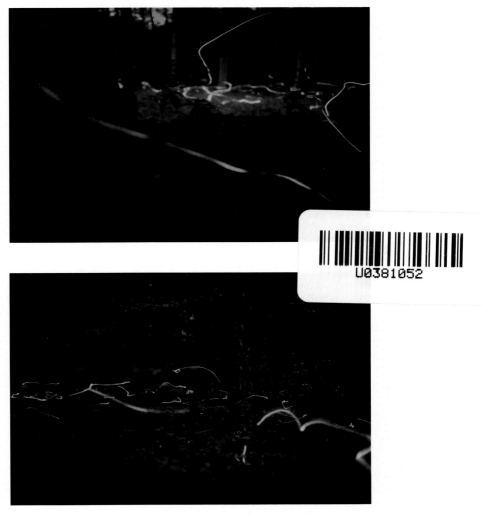

图 1-4 萤火虫之路（http://quit007.deviantart.com/）

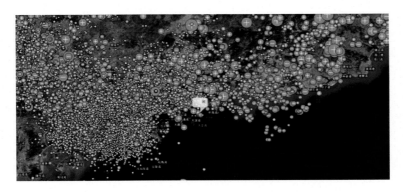

图 1-13 深圳受大面积雷电影响，某日 18 时至次日 0 时共记录到 9119 次闪电

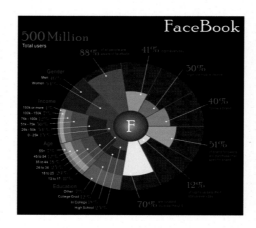

图 1-19　极区图：Facebook vs. 推特

图 2-2　亚马孙丛林 30 年变迁

系列	系列A	系列B	系列C	系列D
店铺A	60%	13%	10%	17%
店铺B	49%	24%	16%	11%
店铺C	55%	23%	14%	8%

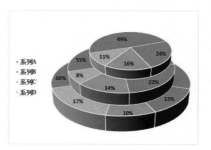

图 3-14　堆叠圆饼图

图 4-14　水循环平面图（NASA 戈达德航天飞行中心绘制）

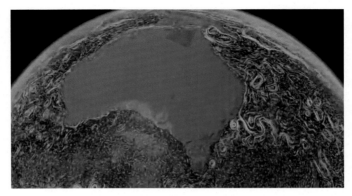

图 4-15　永恒的海洋（NASA 戈达德航天飞行中心绘制，http://datafl.ws/2bc）

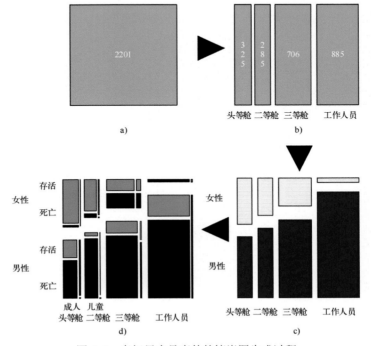

图 5-2　泰坦尼克号事件的镶嵌图生成过程

图 4-17 "形态"图（穆罕默德·阿克坦和格约拉）

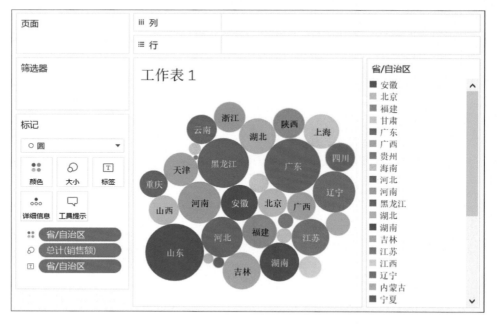

图 9-16 填充气泡图——分省市销售额情况

高等教育系列教材

大数据可视化

王　文　周　苏　主编

机械工业出版社

大数据可视化是一门理论性和实践性都很强的课程。本书针对计算机、信息管理、经济管理和其他相关专业学生的发展需求，系统、全面地介绍大数据可视化的基本知识和技能，详细介绍了数据可视化之美、Excel数据可视化方法与应用、数据引导可视化设计、数据可视化过程、数据可视化组织、Tableau 应用初步、Tableau 数据管理、Tableau 可视化分析、Tableau 仪表板与故事以及 Tableau 地图分析与发布等内容，共 11 章，各章均配套设计了导读案例、实验与思考等内容，具有较强的系统性、可读性和实用性。

　　本书为高等院校相关专业"大数据可视化""数据媒体设计"等课程全新设计编写，是具有丰富实践特色的主教材。还可供有一定实践经验的软件开发人员、管理人员参考和作为继续教育的教材。

　　本书配套授课电子课件，需要的教师可登录 www.cmpedu.com 免费注册，审核通过后下载，或联系编辑索取（微信：15910938545。电话：010-88379739）。

图书在版编目（CIP）数据

大数据可视化 / 王文，周苏主编. —北京：机械工业出版社，2018.8
（2024.2 重印）
高等教育系列教材
ISBN 978-7-111-61514-9

Ⅰ. ①大… Ⅱ. ①王… ②周… Ⅲ. ①数据处理－高等学校－教材
Ⅳ. ①TP274

中国版本图书馆 CIP 数据核字（2018）第 267971 号

机械工业出版社（北京市百万庄大街 22 号　邮政编码 100037）
策划编辑：郝建伟　　责任编辑：郝建伟
责任校对：张艳霞　　责任印制：单爱军
北京虎彩文化传播有限公司印刷

2024 年 2 月第 1 版·第 7 次印刷
184mm×260mm·13.75 印张·2 插页·335 千字
标准书号：ISBN 978-7-111-61514-9
定价：45.00 元

电话服务　　　　　　　　　　　网络服务
客服电话：010-88361066　　　　机　工　官　网：www.cmpbook.com
　　　　　010-88379833　　　　机　工　官　博：weibo.com/cmp1952
　　　　　010-68326294　　　　金　书　网：www.golden-book.com
封底无防伪标均为盗版　　　机工教育服务网：www.cmpedu.com

前　言

大数据（Big Data）的力量，正在积极地影响着我们社会生活的方方面面，冲击着各行各业，同时也正在不断地改变我们的学习和日常生活。如今，通过简单、易用的移动应用和基于云端的数据服务，人们能够追踪自己的行为以及饮食习惯，还能提升个人的健康状况。因此，有必要真正理解大数据这个极其重要的议题。

然而，仅有数据是不够的。对于身处大数据时代的企业而言，成功的关键还在于找出大数据所隐含的真知灼见。"以前，人们总说信息就是力量，但如今，对数据进行分析、利用和挖掘才是力量之所在。"

大数据可视化这种新的视觉表达形式是应信息社会蓬勃发展而出现的——因为我们不仅要呈现世界，更重要的是通过呈现来处理更庞大的数据，理解各种各样的数据集合，表现多维数据之间的关联，换句话说，就是归纳数据内在的模式、关联和结构。复杂数据可视化涉及科学、设计与艺术，它的艺术性实际上是使用独特手法展示万千世界的某个局部，从而提出问题。大数据可视化位于科学、设计和艺术等学科的交叉领域，准确地说应该是位于 3 个不同维度的人类活动的交叉领域，蕴藏着无限可能性。

对于在校大学生来说，大数据可视化的理念、技术与应用是一门理论性和实践性都很强的"必修"课程。在长期的教学实践中，我们体会到，坚持"因材施教"的重要原则，把实践环节与理论教学相融合，抓实践教学促进理论知识的学习，是有效地改善教学效果和提高教学水平的重要方法之一。本书的主要特色是：理论联系实际，结合一系列了解和熟悉大数据可视化理念、技术与应用的学习和实践活动，把大数据可视化的相关概念、基础知识和技术技巧融入实践当中，使学生保持浓厚的学习热情，加深对大数据可视化技术的兴趣，认识、理解和掌握大数据可视化技术。

本书为高等院校相关专业，尤其是计算机、信息管理、经济管理类专业开设"大数据"相关课程而全新设计编写，是具有丰富实践特色的主教材。还可供有一定实践经验的 IT 应用人员、管理人员参考和作为继续教育的教材。

本书系统、全面地介绍了大数据可视化的基本知识和应用技能，详细介绍了数据可视化之美、Excel 数据可视化方法与应用、数据引导可视化设计、数据可视化过程、数据可视化组织、Tableau 应用初步、Tableau 数据管理、Tableau 可视化分析、Tableau 仪表板与故事、Tableau 地图分析与发布以及课程设计与实验总结等内容，共 11 章，具有较强的系统性、可读性和实用性。

结合课堂教学方法改革的要求，全书设计了课程教学过程，为每章教学内容都针对性地安排了导读案例和课后实验与思考等环节，要求和指导学生在课前、课后阅读课文及网络搜索浏览的基础上，深入理解课程知识内涵。

本书提供了《教学进度表》，实际执行时，应按照教学大纲编排教学进度，按照校历考虑本学期节假日安排，实际确定本课程的教学进度。

本课程的教学评测可以从以下几个方面入手。

（1）每章的导读案例（11 次）。

（2）每章的实验与思考（11 次）。

（3）课程设计与实验总结（附录）。

（4）结合平时考勤。

（5）任课老师认为必要的其他考核方法。

与本书配套的教学 PPT 课件等文档可从机械工业出版社教育服务网（www.cmpedu.com）下载，欢迎教师向作者索取为本书教学配套的相关资料并交流：zhousu@qq.com，QQ：81505050，个人博客：http://blog.sina.com.cn/zhousu58。

本书是浙江安防职业技术学院 2018 年度教材建设项目"数据技术与应用专业系列教材"的建设成果之一。本书的编写得到了浙江安防职业技术学院、浙江商业职业技术学院、新疆大学科学技术学院、浙江大学城市学院等多所院校的支持，张泳、张丽娜、张健、吴林华参与了本书的部分编写工作，在此一并表示感谢！

周 苏

课程教学进度表

（20 —20 学年第 学期）

课程号：_____ 课程名称：___大数据可视化___ 学分：_2_ 周学时：_2_
总学时：___32___ 其中理论学时（课内）：___32___ （课外）实践学时：___（24）___
主讲教师：_____

序号	校历周次	章节（或实验、习题课等）名称与内容	学时	教学方法	课后作业布置
1	1	前言与第1章 数据可视化之美	2		
2	2	第1章 数据可视化之美	2		实验与思考1
3	3	第2章 Excel 数据可视化方法	2		实验与思考2
4	4	第3章 Excel 数据可视化应用	2		实验与思考3
5	5	第4章 数据引导可视化设计	2		实验与思考4
6	6	第5章 数据可视化过程	2		实验与思考5
7	7	第6章 数据可视化组织	2		实验与思考6
8	8	第7章 Tableau 应用初步	2	导读案例课堂教学	实验与思考7
9	9	第8章 Tableau 数据管理	2		实验与思考8
10	10	第9章 Tableau 可视化分析	2		
11	11	第9章 Tableau 可视化分析	2		实验与思考9
12	12	第10章 Tableau 仪表板与故事	2		
13	13	第10章 Tableau 仪表板与故事	2		实验与思考10
14	14	第11章 Tableau 地图分析与发布	2		
15	15	第11章 Tableau 地图分析与发布	2		实验与思考11
16	16	课程设计、学习与实验总结	2		课程设计、学习与实验总结

填表人（签字）：   日期：
系（教研室）主任（签字）：   日期：

目 录

第1章 数据可视化之美

【导读案例】南丁格尔"极区图"

弗洛伦斯·南丁格尔（1820 年 5 月 12 日～1910 年 8 月 13 日，见图 1-1）是世界上第一位真正意义上的女护士，被誉为现代护理业之母，5.12 国际护士节的设立就是为了纪念她，这一天是南丁格尔的生日。

除了在医学和护理界的辉煌成就，实际上南丁格尔还是一名优秀的统计学家——她是英国皇家统计学会的第一位女性会员，也是美国统计学会的会员。据说南丁格尔早期的大部分声望都来自其对数据清楚且准确的表达。

南丁格尔生活的时代各个医院的统计资料非常不精确，也不一致，她认为医学统计资料有助于改进医疗护理的方法和措施。于是，在她编著的各类书籍、报告等材料中使用了大量的统计图表，其中最为著名的就是极区图，也叫南丁格尔玫瑰图（见图 1-2）。南丁格尔发现，战斗中阵亡的士兵数量少于因为受伤却缺乏治疗的士兵。为了挽救更多的士兵，她画了这张《东部军队（战士）死亡原因示意图》（1858 年）。

图 1-1 南丁格尔

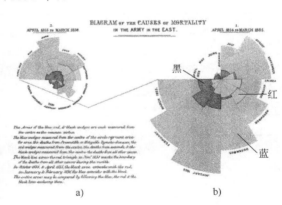

图 1-2 南丁格尔"极区图"

图 1-2 描述了 1854 年 4 月—1856 年 3 月期间士兵死亡情况，图 a 是 1854 年 4 月—1855 年 3 月，图 b 是 1855 年 4 月—1856 年 3 月，用蓝、红、黑 3 种颜色表示 3 种不同的情况，蓝色代表可预防和可缓解的疾病治疗不及时造成的死亡，红色代表战场阵亡，黑色代表其他死亡原因。图表中各个扇区角度相同，用半径及扇区面积来表示死亡人数，可以清晰地看出每个月因各种原因死亡的人数。显然，1854—1855 年，因医疗条件差而造成的死亡人数远远大于战死沙场的人数，这种情况直到 1856 年年初才得到缓解。南丁格尔的这张图表以及其

他图表"生动有力地说明了在战地开展医疗救护和促进伤兵医疗工作的必要性，打动了当局者，增加了战地医院，改善了军队医院的条件，为挽救士兵生命做出了巨大贡献"。

南丁格尔"极区图"是统计学家对利用图形来展示数据进行的早期探索，南丁格尔的贡献在于充分说明了数据可视化的价值，特别是在公共领域的价值。

图 1-3 是社交网站（Facebook vs. 推特）对比信息图，是一张典型的南丁格尔玫瑰图（极区图）案例。极区图在数据统计类信息图表中是常见到的一类图表形式。

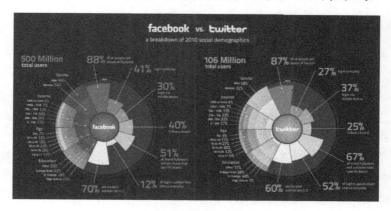

图 1-3　极区图：Facebook vs. 推特

阅读上文，请思考、分析并做简单记录。

（1）你看到过且印象深刻的数据可视化的案例。

答：＿＿＿＿＿＿＿＿＿＿＿＿＿＿＿＿＿＿＿＿＿＿＿＿＿＿＿＿＿＿＿＿＿

＿＿＿＿＿＿＿＿＿＿＿＿＿＿＿＿＿＿＿＿＿＿＿＿＿＿＿＿＿＿＿＿＿＿＿＿

＿＿＿＿＿＿＿＿＿＿＿＿＿＿＿＿＿＿＿＿＿＿＿＿＿＿＿＿＿＿＿＿＿＿＿＿

（2）你此前知道南丁格尔吗？你此前是否知道南丁格尔玫瑰图（极区图）？

答：＿＿＿＿＿＿＿＿＿＿＿＿＿＿＿＿＿＿＿＿＿＿＿＿＿＿＿＿＿＿＿＿＿

＿＿＿＿＿＿＿＿＿＿＿＿＿＿＿＿＿＿＿＿＿＿＿＿＿＿＿＿＿＿＿＿＿＿＿＿

（3）发展大数据可视化，那么传统的数据或信息的表示方式是否还有意义？请简述你的看法。

答：＿＿＿＿＿＿＿＿＿＿＿＿＿＿＿＿＿＿＿＿＿＿＿＿＿＿＿＿＿＿＿＿＿

＿＿＿＿＿＿＿＿＿＿＿＿＿＿＿＿＿＿＿＿＿＿＿＿＿＿＿＿＿＿＿＿＿＿＿＿

＿＿＿＿＿＿＿＿＿＿＿＿＿＿＿＿＿＿＿＿＿＿＿＿＿＿＿＿＿＿＿＿＿＿＿＿

（4）请简单记述你所知道的上一周发生的国际、国内或者身边的大事。

答：＿＿＿＿＿＿＿＿＿＿＿＿＿＿＿＿＿＿＿＿＿＿＿＿＿＿＿＿＿＿＿＿＿

＿＿＿＿＿＿＿＿＿＿＿＿＿＿＿＿＿＿＿＿＿＿＿＿＿＿＿＿＿＿＿＿＿＿＿＿

＿＿＿＿＿＿＿＿＿＿＿＿＿＿＿＿＿＿＿＿＿＿＿＿＿＿＿＿＿＿＿＿＿＿＿＿

1.1 数据与可视化

数据是什么？大部分人会含糊地回答说，数据是一种类似电子表格的东西或者一大堆数字。有点儿技术背景的人会提及数据库或者数据仓库。然而，这些回答只说明了获取数据的格式和存储数据的方式，并未说明数据的本质是什么，以及特定的数据集代表着什么。

1.1.1 数据是什么

要想把数据可视化，就必须知道它表达的是什么。事实上，数据是现实世界的一个快照，会传递大量的信息。一个数据点可以包含时间、地点、人物、事件、起因等因素，因此，一个数字不再只是沧海一粟。可是，从一个数据点中提取信息并不像一张照片那么简单。你需要观察数据产生的来龙去脉，并把数据集作为一个整体来理解。关注全貌，比只注意到局部时更容易做出准确的判断。

通常在实施记录时，由于成本太高或者缺少人力，人们不大可能记录下一切，只能获取零碎的信息，然后寻找其中的模式和关联，凭经验猜测数据所表达的含义。数据是对现实世界的简化和抽象表达，当可视化数据的时候，其实是在将对现实世界的抽象表达可视化，或至少是将它的一些细微方面可视化。可视化能帮助你从一个个独立的数据点中解脱出来，换一个不同的角度去探索它们。

数据和它所代表的事物之间的关联既是把数据可视化的关键，也是全面分析数据的关键，同样还是深层次理解数据的关键。计算机可以把数字批量转换成不同的形状和颜色，但是必须建立起数据和现实世界的联系，以便使用图表的人能够从中得到有价值的信息。数据会因其可变性和不确定性而变得复杂，但放入一个合适的背景信息中，就会变得容易理解了。

1.1.2 数据的可变性

德国物理学家兼业余摄影师克里斯蒂安·克维塞克经常晚上带着相机到小镇的森林里，用长时间曝光摄影，抓拍萤火虫在树丛中飞舞的情景。这种昆虫特别小，在白天几乎看不见，但是在晚上，除了树林里，又很难在别的地方看到。

虽然对观察者来说，萤火虫飞行中的每个时刻都像是空间中随机的点，但克维塞克的照片中还是出现了一个模式。如图 1-4 所示，看上去萤火虫们好像沿着小径，环绕着大树，朝既定的方向飞舞（见文前插图）。

然而，这些依然是随机的。下一次你可以根据这条飞行路线图猜测萤火虫会往哪儿飞吗？一只萤火虫随时上下左右地飞窜，这种变化使得萤火虫的每次飞行都是独一无二的。也正因为如此，观察萤火虫才那么有趣，拍出来的照片才那么漂亮。你关心的是萤火虫飞行的路径，而它们的起点、终点和平均位置并没有那么重要。

图 1-4 萤火虫之路（http://quit007.deviantart.com/）

从这些数据中可以发现一些模式、趋势和周期，但从 A 点到 B 点往往都不是一条平滑的线路（实际上，几乎从来都不是）。总数、平均值和聚合测量可能很有趣，但它们都只揭示了冰山一角而已。数据中的波动才是最有趣、最重要的部分。

以美国国家公路交通安全管理局发布的公路交通事故数据为例，可以了解数据的可变性。

从 2001—2010 年，根据美国国家公路交通安全管理局发布的数据，全美共发生了 363 839 起致命的公路交通事故。这个总数（见图 1-5）代表着那些逝去的生命，把所有注意力放在这个数字上，能让你深思，甚至反省自己的一生。

然而，除了安全驾驶之外，从这个数据中你还了解到什么呢？美国国家公路交通安全管理局提供的数据具体到了每一起事故及其发生的时间和地点，可以从中了解到更多的信息。

如果在地图中画出 2001—2010 年全美国发生的每一起致命的交通事故，用一个点代表一起事故，就可以看到事故多集中发生在大城市和高速公路主干道上，而人烟稀少的地方和道路几乎没有发生过事故。这幅图除了告诉人们对交通事故不能掉以轻心之外，还展示出关于美国公路网络的情况。

观察这些年里发生的交通事故，人们会把关注焦点切换到这些具体的事故上。图 1-6 显示了每年发生的交通事故数，所表达的内容与只关注一个总数完全不同。虽然每年仍会发生成千上万起交通事故，但通过观察可以看到，2006—2010 年事故呈明显下降趋势。

图 1-5　2001—2010 年全美公路致命交通事故总数

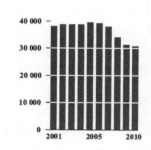

图 1-6　每年的致命交通事故数

从图 1-7 中可以看出，交通事故发生的季节性周期很明显。夏季是事故多发期，因为此时外出旅游的人较多。而在冬季，开车出门旅行的人相对较少，事故就会少很多。每年都是如此。同时，还可以看到 2006—2010 年事故呈下降趋势。

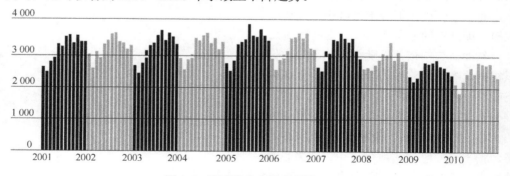

图 1-7　月度致命交通事故数

如果比较那些年的具体月份，还有一些变化。例如，在 2001 年，8 月份的事故最多，9 月份相对回落。从 2002—2004 年每年都是这样。从 2005—2007 年，每年 7 月份的事故最多。从 2008—2010 年又变成了 8 月份。另一方面，因为每年 2 月份的天数最少，事故数也就最少，只有 2008 年例外。因此，这里存在着不同季节的变化和季节内的变化。

还可以更加详细地观察每日的交通事故数，例如，从高峰和低谷模式，可以看出周循环周期，就是周末比周中事故多，每周的高峰日在周五、周六和周日间的波动。可以继续增加数据的粒度，即观察每小时的数据。

重要的是，查看这些数据比查看平均数、中位数和总数更有价值，那些测量值只是告诉了你一小部分信息。大多数时候，总数或数值只是告诉了你分布的中间在哪里，而未能显示出应该关注的细节。

一个独立的离群值可能是需要修正或特别注意的。也许在你的体系中随着时间推移发生的变化预示有好事（或坏事）将要发生。周期性或规律性的事件可以帮助你为将来做好准备，但面对那么多的变化，它往往就失效了，这时应该退回到整体和分布的粒度来进行观察。

麻省理工学院和哈佛大学的科学家们在他们所著的一篇《为什么现实生活中识别可视物体这么困难？》的论文中说道："人们可以轻松识别可视物体，这种轻松正是计算机识别的难处。主要挑战就是图像的多变性——例如，物体的位置、大小、方位、姿势、亮度等，任何一个物体都可以在视网膜上投射下无数个不同的图像。"简单说来，图像变化多端，因此很难分辨不同的图片是否包含了相同的人或物。而且，图案识别也更加困难；尽管要在一个句子中找出"总统"这个单词很容易，在上百万个句子中找出它来也相对简单，但要在图片中找出拥有"总统"这个头衔的人却困难重重。

让某个人描述一张图片的特征很容易，但要描述上百万张图片该怎么办呢？为了解决图片特征问题，像亚马逊和 Facebook 这样的公司开始向众包市场[1]，如 oDesk 平台和亚马逊土耳其机器人[2]寻求帮助。在这些市场中，满足特定条件的版主在通过了某项测试之后便有权使用图片，并对这些图片进行描绘和过滤。如今的计算机比较擅长帮助人们制作可视化效果，而将来它们能更好地帮助人们理解实时的可视化信息。

1.1.3 数据的不确定性

通常，大部分数据都是估算的，并不精确。分析师会研究一个样本，并据此猜测整体的情况。你会基于自己的知识和见闻来猜测，即使大多数时候你确定猜测是正确的，但仍然存在着不确定性。例如，笔记本电脑上的电池寿命估计会按小时增量跳动，地铁预告说下一班车将会在 10 分钟内到达，但实际上是 11 分钟，或者预计在周一送达的一份快件往往周三才到。

如果你的数据是一系列平均数和中位数，或者是基于一个样本群体的一些估算，就应该时时考虑其存在的不确定性。当人们基于类似全国人口或世界人口的预测数做影响广泛的重

---

1 **众包**（crowdsourcing）指的是一个公司或机构把过去由员工执行的工作任务，以自由自愿的形式外包给非特定的（而且通常是大型的）大众网络的做法。众包的任务通常是由个人来承担，但如果涉及需要多人协作完成的任务，也有可能以依靠开源的个体生产的形式出现。众包植根于一个平等主义原则：每个人都拥有对别人有价值的知识或才华。众包作为桥梁将"我"和"他人"联系起来。

2 **亚马逊土耳其机器人**（Amazon Mechanical Turk）是一个 Web 服务应用程序接口（API），开发商通过它将人的智能与远程过程调用（RPC）整合，用来完成计算机很难完成但人工智能容易执行的任务，如写产品描述等。

大决定时，这一点尤为重要，因为一个很小的误差可能会导致巨大的差异。

换个角度，想象一下你有一罐彩虹糖，你想猜猜罐子里每种颜色的彩虹糖各有多少颗。如果把一罐彩虹糖全部倒在桌子上，一颗颗数过去，就不用估算了，你已经得到了总数。但是你只能抓一把，然后基于手里的彩虹糖推测整罐的情况。这一把越大估计值就越接近整罐的情况，也就越容易猜测。相反，如果只能拿一颗彩虹糖，那你几乎就无法推测罐子里的情况。

只拿一颗彩虹糖，误差会很大。而拿一大把彩虹糖，误差会小很多。如果把整罐都数一遍，误差就是零。当有数百万个彩虹糖装在上千个大小不同的罐子里时，分布各不相同，每一把的大小也不一样，估算就会变得更复杂了。接下来，把彩虹糖换成人，把罐子换成城、镇和县，把那一把彩虹糖换成随机分布的调查，误差的含义就有分量多了。

如果不考虑数据的真实含义，很容易产生误解，要始终考虑到不确定性和可变性。这也就到了背景信息发挥作用的时候了。

1.1.4 数据的背景信息

仰望夜空，满天繁星看上去就像平面上的一个个点（见图 1-8）。你感觉不到视觉深度，会觉得星星都离你一样远，很容易就能把星空直接搬到纸面上，于是星座也就不难想象了，把一个个点连接起来即可。然而，实际上不同的星星与你的距离可能相差许多光年。假如你能飞得比星星还远，星座看起来又会是什么样子呢？

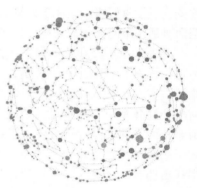

图 1-8 星空视图

如果切换到显示实际距离的模式，星星的位置转移了，原先容易辨别的星座几乎认不出了。从新的视角出发，数据看起来就不同了，这就是背景信息的作用。背景信息可以完全改变你对某一个数据集的看法，它能帮助你确定数据代表着什么以及如何解释。在确切了解了数据的含义之后，你的理解会帮你找出有趣的信息，从而带来有价值的可视化效果。

使用数据而不了解除数值本身之外的任何信息，就好比拿断章取义的片段作为文章的主要论点引用一样。这样做或许没有问题，却可能完全误解说话人的意思。你必须首先了解何人、如何、何事、何时、何地以及何因，即元数据，或者说关于数据的数据，然后才能了解数据的本质是什么。

何人（who）： "谁收集了数据" 和 "数据是关于谁的" 同样重要。

如何（how）： 大致了解怎样获取你感兴趣的数据。如果数据是你收集的，那一切都好，但如果数据只是从网上获取到的，这样，你不需要知道每种数据集背后精确的统计模型，但要小心小样本，样本小，误差率就高，也要小心不合适的假设，例如包含不一致或不相关信息的指数或排名等。

何事（what）： 你还要知道自己的数据是关于什么的，你应该知道围绕在数字周围的信息是什么。你可以跟学科专家交流，阅读论文及相关文件。

何时（when）： 数据大都以某种方式与时间关联。数据可能是一个时间序列，或者是特定时期的一组快照。不论是哪一种，你都必须清楚知道数据是什么时候采集的。由于只能得到旧数据，于是很多人便把旧数据当成现在的对付一下，这是一种常见的错误。事在变，人在变，地点也在变，数据自然也会变。

何地（where）：正如事情会随着时间变化，它们也会随着城市、地区和国家的不同而变化。例如，不要将来自少数几个国家的数据推及整个世界。同样的道理也适用于数字定位。来自推特或微信之类网站的数据能够概括网站用户的行为，但未必适用于物理世界。

为何（why）：最后，你必须了解收集数据的原因，通常这是为了检查一下数据是否存在偏颇。有时人们收集甚至捏造数据只是为了应付某项议程，应当警惕这种情况。

首要任务是竭尽所能地了解自己的数据，这样，数据分析和可视化会因此而增色。可视化通常被认为是一种图形设计或破解计算机科学问题的练习，但是最好的作品往往来源于数据。要可视化数据，你必须理解数据是什么，它代表了现实世界中的什么以及你应该在什么样的背景信息中解释它。

在不同的粒度上，数据会呈现出不同的形状和大小，并带有不确定性，这意味着总数、平均数和中位数只是数据点的一小部分。数据是曲折的、旋转的，也是波动的、个性化的，甚至是富有诗意的。因此，你可以看到多种形式的可视化数据。

1.1.5　打造最好的可视化效果

但是，人类可以根据数据做出更好的决策。事实上，拥有的数据越多，从数据中提取出具有实践意义的见解就显得越发重要。可视化和数据是相伴而生的，将这些数据可视化，可能是指导人们行动的最强大的机制之一。

可视化可以将事实融入数据，并引起情感反应，它可以将大量数据压缩成便于使用的知识。因此，可视化不仅是一种传递大量信息的有效途径，它还和大脑直接联系在一起，并能触动情感，引起化学反应。可视化可能是传递数据信息最有效的方法之一。研究表明，不仅可视化本身很重要，何时、何地、以何种形式呈现对可视化来说也至关重要。

通过设置正确的场景，选择恰当的颜色甚至选择一天中合适的时间，可视化可以更有效地传达隐藏在大量数据中的真知灼见。科学证据证明了在传递信息时环境和传输的重要性。

1.2　数据与图形

有的信息如果通过单纯的数字和文字来传达，可能需要花费数分钟甚至几小时，甚至可能无法传达；但是通过颜色、布局、标记和其他元素的融合，图形却能够在几秒钟之内就把这些信息传达给人们。将信息可视化能有效地抓住人们的注意力。

1.2.1　地图传递信息

假设你是第一次来到华盛顿，你很兴奋，想到处跑跑，参观白宫和各处的纪念碑、博物馆。为此，你需要利用当地的交通系统——地铁。这看上去挺简单，但你如果没有地图，不知道怎么走，那么即使有好心人的热情指点，要弄清楚搭哪条线路，在哪个站上车、下车，这简直就是一场噩梦。幸运的是，华盛顿地铁图（见图1-9）可以传达这些数据信息。

地图上每条线路的所有站点都按照顺序用不同颜色标记出来，你还可以在上面看到线路交叉的站点。这样一来，要知道在哪里换乘，就很容易了。可以说突然之间，弄清楚如何搭乘地铁变成了轻而易举的事情。地铁图呈献给你的不仅是数据信息，更是清晰的认知。

你不仅知道了该搭乘哪条线路，还大概知道了到达目的地需要花多长时间。无须多想，你就能知道到达目的地有几站，每个站之间大概需要几分钟。除此之外，地铁图上的路线不仅标注了名字或终点站，还用不同的颜色——红、黄、蓝、绿、橙来帮助你辨认。这样一来，不管是在地图上还是地铁外的墙壁上，只要你想查找地铁线路，都能通过颜色快速辨别。通过仔细阅读华盛顿地铁图，理清了头绪，你发现其实华盛顿特区只有 86 个地铁站。

日本东京地铁系统包括东京地铁公司（Tokyo Metro）和都营地铁公司（the Toei）两大地铁运营系统，一共有 274 个站。算上东京更大片区的所有铁路系统，东京一共有 882 个车站（见图 1-10）。要是没有地图的话，人们将很难了解这么多的站台信息。

图 1-9　华盛顿地铁图

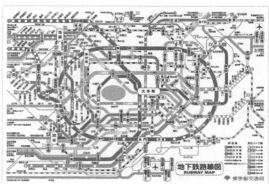

图 1-10　东京地铁图

1.2.2　数据与走势

人们在使用电子表格软件处理数据时会发现，要从填满数字的单元格中发现走势是困难的，这就是诸如 Microsoft Excel 这类软件内置图表功能的原因之一。一般来说，人们在看一个折线图、饼状图或条形图的时候，更容易发现事物的变化走势（见图 1-11）。

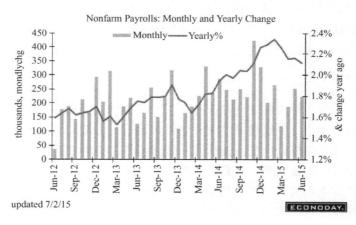

图 1-11　美国 2015 年 7 月非农就业人口走势

人们在制订决策的时候了解事物的变化走势至关重要。不管是讨论销售数据还是健康数据，一个简单的数据点通常不足以告诉人们事情的整个变化走势。

投资者常常要试着评估一个公司的业绩，一种方法就是及时查看公司在某一特定时刻的数据。例如，管理团队在评估某一特定季度的销售业绩和利润时，若没有将之前几个季度的情况考虑进去的话，他们可能会总结说公司运营状况良好。但实际上，投资者没有从数据中看出公司每个季度的业绩增幅都在减少。表面上看公司的销售业绩和利润似乎还不错，而事实上如果不想办法来增加销量，公司甚至很快就会走向破产。

管理者或投资者在了解公司业务发展趋势的时候，内部环境信息是重要指标之一。管理者和投资者同时也需要了解外部环境，因为外部环境能让他们了解自己的公司相对于其他公司运营情况如何。

在不了解公司外部运营环境时，如果某个季度销售业绩下滑，管理者就可能会错误地认为公司的运营情况不好。可事实上，销售业绩下滑的原因可能是由大的行业问题引起的，例如，房地产行业受房屋修建量减少的影响，航空业受出行减少的影响等。但是，即使管理者了解了内部环境和外部环境，但要想仅通过抽象的数字来看出端倪还是很困难的，而图形可以帮助他们解决这一问题。

大卫·麦克坎德莱斯说："可视化是压缩知识的一种方式"。减少数据量是一种压缩方式，如采用速记、简写的方式来表示一个词或者一组词。但是，数据经过压缩之后，虽然更容易存储，却让人难以理解。然而，图片不仅可以容纳大量信息，还是一种便于理解的表现方式。在大数据里，这样的图片就叫作"可视化"。

地铁图、饼状图和条形图都是可视化的表现方式。乍一看，可视化似乎很简单。但由于种种原因，要理解起来并不容易。首先，它很难满足人们希望将所有数据相互衔接并出现在同一个地方的愿望。

其次，内部环境和外部环境的数据信息可能存储在两个不同的地方。行业数据可能存储在市场调查报告之中，而公司的具体销售数据则存储在公司的数据库中。而且，这两种数据的存储模式也有细微的差别。公司的销售数据可能是按天更新存储的，而可用的行业数据可能只有季度数据。

最后，数据信息不统一的表达方式也使人们难以理解数据真正想传达的信息。但是，通过获取所有这些数据信息，并将之绘制成图表，数据就不再是简单的数据了，它变成了知识。可视化是一种压缩知识的形式，因为看似简单的图片却包含了大量结构化或非结构化的数据信息。它用不同的线条、颜色将这些信息进行压缩，然后快速、有效地传达出数据表示的含义。

1.2.3 视觉信息的科学解释

在数据可视化领域，爱德华·塔夫特被誉为"数据界的列奥纳多·达·芬奇"。他的一大贡献就是：聚焦于将每一个数据都做成图示物——无一例外。塔夫特的信息图形不仅能传达信息，甚至被很多人看作是艺术品。塔夫特指出，可视化不仅能作为商业工具发挥作用，还能以一种视觉上引人入胜的方式传达数据信息。

根据美国宾夕法尼亚大学医学院的研究人员估计，通常情况下，人类视网膜"视觉输入（信息）的速度可以和以太网的传输速度相媲美"。人类视网膜中大约包含 1 000 000 个神经节细胞，算上所有的细胞，人类视网膜能以大约每秒 10 兆字节的速度传达信息。丹麦的著名科学作家陶·诺瑞钱德证明了人们通过视觉接收的信息比其他任何一种感官都多。如果人们通过视觉接收信息的速度和计算机网络相当，那么通过触觉接收信息的速度就只有它的 1/10。人们的嗅觉和听觉接收信息的速度更慢，大约是触觉接收速度的 1/10。同样，人们通过味蕾接收信息的速度也很慢。

换句话说，人们通过视觉接收信息的速度比其他感官接收信息的速度快了 10～100 倍。因此，可视化能传达庞大的信息量也就容易理解了。如果包含大量数据的信息被压缩成了充满知识的图片，那么接收这些信息的速度会更快。但这并不是可视化数据表示法如此强大的唯一原因。另一个原因是人们喜欢分享，尤其喜欢分享图片。

1.2.4　图片和分享的力量

人们喜欢照片（图片）的主要原因之一，是现在拍照很容易（见图 1-12）。数码相机、智能手机和便宜的存储设备使人们可以拍摄多得数不清的数码照片，几乎每部智能手机都有内置摄像头。这就意味着不但可以随意拍照，还可以轻松地上传或分享这些照片。这种轻松、自在的拍摄和分享图片的过程充满了乐趣和价值，人们自然想要分享它们。

图 1-12　Facebook

和照片一样，如今制作信息图也要比以前容易得多。公司制作这类信息图的动机也多了。公司的营销人员发现，一个拥有有限信息资源的营销人员该做些什么来让搜索更加吸引人呢？答案是制作一张信息图。信息图可以吸纳广泛的数据资源，使这些数据相互吻合，甚至编造一个引人入胜的故事。博主和记者们想方设法地在自己的文章中加进类似的图片，因为读者喜欢看图片，同时也乐于分享这些图片。

最有效的信息图还是被不断重复分享的图片。其中有一些图片在网上疯传，它们在社交网站如 Facebook、推特、领英、微信以及传统但实用的邮件里，被分享了数千次甚至上百万次。由于信息图制作需求的增加，帮助制作这类图形的公司和服务也随之增多。

1.2.5　实时可视化

很多信息图提供的信息从本质上看是静态的。通常制作信息图需要花费很长的时间和精力：它需要数据，需要展示有趣的故事，还需要以图标将数据以一种吸引人的方式呈现出来。但是工作到这里还没结束，图表只有经过发布、加工、分享和查看之后才具有真正的价值。当然，到那时，数据已经成了几周或几个月前的旧数据了。那么，在展示可视化数据时要怎样在吸引人的同时又保证其时效性呢？

数据要具有实时性价值，必须满足以下 3 个条件。

（1）数据本身必须要有价值。

（2）必须有足够的存储空间和计算机处理能力来存储和分析数据。

（3）必须要有一种巧妙的方法及时将数据可视化，而不用花费几天或几周的时间。

想了解数百万人是如何看待实时性事件，并将他们的想法以可视化的形式展示出来看似遥不可及，但其实很容易达成。

在过去几十年里，美国总统选举过程中的投票民意测试，需要测试者打电话或亲自询问每个选民的意见。通过将少数选民的投票和统计抽样方法结合起来，民意测试者就能预测选举的结果，并总结出人们对重要政治事件的看法。但今天，大数据正改变着人们的调查方法。

捕捉和存储数据只是像推特这样的公司所面临的大数据挑战中的一部分。为了分析这些数据，公司开发了推特数据流，即支持每秒发送 5 000 条或更多推文的功能。在特殊时期，如总统选举辩论期间，用户发送的推文更多，大约每秒 2 万条。然后公司又要分析这些推文所使用的语言，找出通用词汇，最后将所有的数据以可视化的形式呈现出来。

要处理数量庞大且具有时效性的数据很困难，但并不是不可能。推特为大家熟知的数据流入口配备了编程接口。像推特一样，Gnip 公司也开始提供类似的渠道。其他公司如 BrightContext，提供实时情感分析工具。在 2012 年总统选举辩论期间，《华盛顿邮报》在观众观看辩论的时候使用 BrightContext 的实时情感模式来调查和绘制情感图表。实时调查公司 Topsy 将大约 2 000 亿条推文编入了索引，为推特的政治索引提供了被称为"Twindex"的技术支持。Vizzuality 公司专门绘制地理空间数据，并为《华尔街日报》选举图提供技术支持。

与电话投票耗时长且每场面谈通常要花费大约 20 美元相比，上述所采用的实时调查只需花费几个计算周期，并且没有规模限制。另外，它还可以将收集到的数据及时进行可视化处理。

但信息实时可视化并不只是在网上不停地展示实时信息而已。将来人们不仅可以在计算机和手机上看可视化呈现的数据，还能身着可穿戴设备，边四处走动边设想或理解这个物质世界。

1.3　数据可视化的运用

人类对图形的理解能力非常独到，往往能够从图形当中发现数据的一些规律，而这些规律用常规的方法是很难发现的。在大数据时代，数据量变得非常大，而且非常烦琐，要想发现数据中包含的信息或者知识，可视化是最有效的途径之一（见图 1-13）。

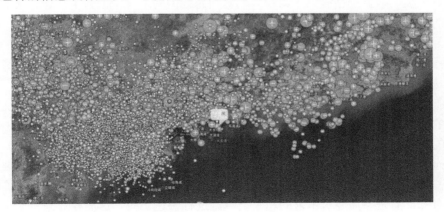

图 1-13　深圳受大面积雷电影响记录图，某日 18 时至次日 0 时共记录到 9119 次闪电

1.3.1 数据可视化的方法

数据可视化要根据数据的特性，如时间信息和空间信息等，找到合适的可视化方式，例如，图表（Chart）、图（Diagram）和地图（Map）等，将数据直观地展现出来，以帮助人们理解数据，同时找出包含在海量数据中的规律或者信息。数据可视化是大数据生命周期管理的最后一步，也是最重要的一步。

数据可视化起源于图形学、计算机图形学、人工智能、科学可视化以及用户界面等领域的相互促进和发展，是当前计算机科学的一个重要研究方向，它利用计算机对抽象信息进行直观地表示，以利于快速检索信息和增强认知能力。

数据可视化系统并不是为了展示用户已知的数据之间的规律，而是为了帮助用户通过认知数据，有新的发现，发现这些数据所反映的实质。如图 1-14 所示，CLARITY 成像技术使科学家们不需要切片就能够看穿整个大脑。

斯坦福大学生物工程和精神病学负责人 Karl Deisseroth 说："以分子水平和全局范围观察整个大脑系统，曾经一直都是生物学领域一个无法实现的重大目标。"也就是说，用户在使用信息可视化系统之前往往没有明确的目标。信息可视化系统在探索性任务（例如包含大数据量信息）中有突出的表现，它可以帮助用户从大量的数据空间中找到关注的信息来进行详细的分析。因此，数据可视化主要应用于下面几种情况。

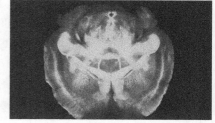

图 1-14　CLARITY 成像技术

1）当存在相似的底层结构、相似的数据可以进行归类时。

2）当用户处理自己不熟悉的数据内容时。

3）当用户对系统的认知有限时，并且喜欢用扩展性的认知方法时。

4）当用户难以了解底层信息时。

5）当数据更适合感知时。

1.3.2 数据可视化的挑战

按任务分类的数据类型有助于组织人们对问题范围的理解，但为了创建成功的工具，信息可视化的研究人员仍有很多挑战需要去面对。

（1）导入和清理数据。决定如何组织输入数据以获得期望的结果，它所需要的思考和工作经常比预期的多。使数据有正确的格式、滤掉不正确的条目、使属性值规格化和处理丢失的数据也是繁重的任务。

（2）把视觉表示与文本标签结合在一起。视觉表示是强有力的，但有意义的文本标签起到很重要的作用。标签应该是可见的，不应遮盖显示或使用户困惑。屏幕提示和偏心标签等用户控制的方法经常能够提供帮助。

（3）查找相关信息。经常需要多个信息源来做出有意义的判断。专利律师想要看到相关的专利，基因组学研究人员想要看到基因簇在细胞过程的各个阶段如何一致地工作等。在发现过程中对意义的追寻需要对丰富的相关信息源进行快速访问，这需要对来自多个源的数据进行整合。

（4）查看大量数据。信息可视化的一般挑战是处理大量的数据。很多创新的原型仅能处理几千个条目，或者当处理数量更大的条目时难以保持实时交互性。显示数百万条目的动态可视化证明，信息可视化尚未接近于达到人类视觉能力的极限，用户控制的聚合机制将进一步突破性能极限。较大的显示器能够有帮助，因为额外的像素使用户能够看到更多的细节同时保持合理的概览。

（5）集成数据挖掘。信息可视化和数据挖掘起源于两条独立的研究路线。信息可视化的研究人员相信让用户的视觉系统引导他们形成假设的重要性，而数据挖掘的研究人员则相信能够依赖传统计算方法和机器学习来发现有趣的模式。一些消费者的购买模式，诸如商品选择之间的相关性，适当可视化就会突显出来。然而，统计试验有助于发现在产品购买的顾客需要或人口统计的连接方面的更微妙趋势。研究人员正在逐渐把这两种方法结合在一起。就其客观本性来说，统计汇总是有吸引力的，但它们能够隐藏异常值或不连续性（像冰点或沸点）。另一方面，数据挖掘可能把用户引导到数据的更有趣部分，然后它们能够在视觉上被检查。

（6）与分析推理技术集成。为了支持评估、计划和决策，视觉分析领域强调信息可视化与分析推理工具的集成。业务与智能分析师使用来自搜索和可视化的数据和洞察力作为支持或否认有竞争性的假设的证据。他们还需要工具来快速产生他们分析的概要和与决策者交流他们的推理，决策者可能需要追溯证据的起源。

（7）与他人协同。发现是一个复杂的过程，它依赖于知道要寻找什么、通过与他人协同来验证假设、注意异常和使其他人相信发现的意义。因为对社交过程的支持对信息可视化是至关重要的，所以软件工具应该使记录当前状态、带注释和数据把它发送给同事或张贴到网站上更容易。

（8）实现普遍可用性。当可视化工具打算被公众使用时，必须使该工具可被多种多样的用户使用而不管他们的生活背景、工作背景、学习背景或技术背景如何，它是对设计人员的巨大挑战。

1.3.3　传统的数据分析图表

当前，基于搜索的数据发现工具还没达到令人耳熟能详的程度，但是类似宣传正在引起技术追捧。大数据需要新的数据发现工具，自然其中很多应该是有关可视化的（见图1-15）。

在如数据可视、数据发现、商业智能、分析以及企业级报表等称谓之间存在着很多重叠，这些商业表达之间的交叉并不仅仅体现在概念上，交叉还延伸到企业组织当前正在使用的成熟报表和数据管理应用之上。例如，Netflix是美国的一家著名的在线影片租赁提供商，该公司的员工会利用多种工具对内外部数据进行管理和理解。又如eBay（著名的移动支付企业）使用的主要工具包括Teradata、Hadoop、SAS、Tableau和Excel等。

一般情况下，对于小数据，企业很可能已经在使用至少一种报表应用并实现了一定程度的数据可视化。大数据并不意味着传统报表的废除，许多工具在可视化组织（企业或机构）仍然可用，甚至还能发挥出更大价值。

但是，可视化组织的价值和目标通常是两个不同的方面。在大数据时代，意味着员工需要学习新的应用、专业和技能，他们需要以直观、交互性和可视化的形式常规化地展示来自

不同数据源的更大量数据。通常，大多数传统报表和 BI 工具不能有效处理大数据，不能指望它们能够顺利处理 PB 级的非结构化数据流。

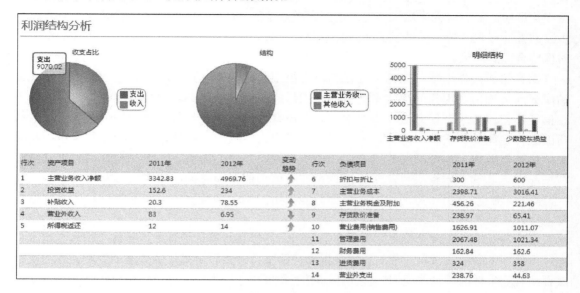

图 1-15　可视化数据分析

每个人都相信大型软件厂商会继续完善传统报表和数据可视工具，并推出新的产品。但是，可视化组织也意识到，要制订更好的决策，他们需要的不仅仅是一套标准报表、即席查询能力、仪表盘、分析及 KPI 工具，实时数据发现应用的匮乏，已经阻碍了很多企业及其员工在其生产力、客户、供应链和业务方面发现数据驱动的隐性新洞见。也正因为此，可视化组织才会拥抱新的实时数据可视化工具。

报表、分析和数据可视化等不同工具存在着本质的不同，如表 1-1 所示。

表 1-1　报表、分析和数据可视化三者的比较

传统报表工具	分　　析	实时数据可视工具
提供数据	提供答案	可以提供答案，但更重要的是，允许用户提出更深也即更好的数据问题
提供所要求的	提供所需要的	可以提供所需要的
通常是标准化的	通常是定制化的	极度定制化；因具备交互式的数据可视，每个用户都可能发现不同
不以个体能力为转移	跟个体能力有关	虽与个体相关，但数据可视化依然受制于解释能力
非常不灵活	非常灵活	依靠数据可视化，可非常灵活；静态信息图则不灵活
传统上处理小数据	传统上处理小数据	既能处理大数据也能处理小数据

从表 1-1 可以看出，传统报表和分析工具仍然在起作用，并且支持着大量基本商业职能。因此，它们将继续在企业中得到广泛应用。但是，要有效处理以及理解大数据，可视化组织意识到他们需要实时性并且交互式的数据可视应用，而原有的工具对此却无能为力。

1.4 可视化分析与编程工具

通过学习关于数据的知识，你会知道如何表示数据，如何直观地探索数据，如何使数据清晰明了，以及如何针对读者来设计可视化图表了。

在可视化方面，如今用户有大量的工具可供选用，但哪一种工具最合适，这将取决于数据以及可视化数据的目的。而最可能的情形是，将某些工具组合起来才是最适合的。有些工具适合用来快速浏览数据，而有些工具则适合为更广泛的读者设计图表。

可视化的解决方案主要有两大类：非程序式和程序式。以前可用的程序很少，但随着数据源的不断增长，涌现出了更多的点击/拖拽型工具，它们可以协助用户理解自己的数据。

拿来即用的软件可以让用户短时间内上手，代价则是这些软件为了能让更多的人处理自己的数据，总是或多或少进行了泛化。此外，如果想得到新的特性或方法，你就得等别人为你实现。相反，如果你会编程，就可以根据自己的需求将数据可视化并获得灵活性。

显然，编程的代价是需要花时间学习一门新语言。当开始构造自己的数据库并不断学习新的内容时，重复这些工作并将其应用到其他数据集上也会变得更容易。

1.4.1 Microsoft Excel

Excel 是大家熟悉的电子表格软件，已被广泛使用了 20 多年，如今甚至有很多数据你只能以 Excel 表格的形式获取到。在 Excel 中，让某几列高亮显示、做几张图表都很简单，于是也很容易对数据有个大致的了解（见图 1-16）。

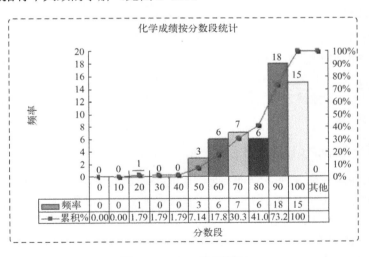

图 1-16　Excel 数据图表

如果要将 Excel 用于整个可视化过程，应使用其图表功能来增强其简洁性。Excel 的默认设置很少能满足这一要求。Excel 的局限性在于它一次所能处理的数据量上，而且除非你通晓 VBA 这个 Excel 内置的编程语言，否则针对不同数据集来重制一张图表会是一件很烦琐的事情。

1.4.2　Google Spreadsheets

这个软件基本上是谷歌版的 Excel（见图 1-17），但用起来更容易，而且是在线的。在线这一特性是它最大的亮点，因为用户可以跨不同的设备来快速访问自己的数据，而且可以通过内置的聊天和实时编辑功能进行协作。

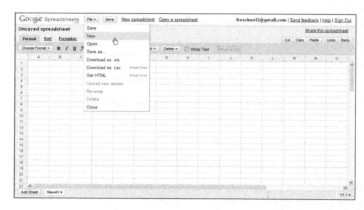

图 1-17　Google Spreadsheets 工作界面

通过 importHTML 和 importXML 函数，可以从网上导入 HTML 和 XML 文件。例如，如果在百度上发现了一张 HTML 表格，但想把数据存成 CSV 文件，就可以用 importHTML，然后再从 Google Spreadsheets 中把数据导出。

1.4.3　Tableau

相对于 Excel，如果你想对数据做更深入的分析而又不想编程，那么 Tableau 数据分析软件（也称商务智能展现工具）就很值得一看。例如，Tableau 与 Mapbox 的集成能够生成绚丽的地图背景，并添加地图层和上下文，生成与用户数据相配的地图。用 Tableau 软件设计的基于可视化界面，在你发现有趣的数据点，想一探究竟时，可以方便地与数据进行交互。

Tableau 可以将各种图表整合成仪表板在线发布。但为此必须公开自己的数据，把数据上传到 Tableau 服务器。

1.4.4　针对特定数据的工具

下面这些软件能处理多种类型的数据，并可以提供许多不同的可视化功能。这对于数据的分析和探索大有好处，因为它们使用户能够快速地从不同角度观察自己的数据。不过，有的时候专注地做好一件事也许会更好。

（1）Gephi。如果你见过一张网络图，或者一个由一条束边线和一个结点构成的视觉形象（有的就像一个毛球），那么它很可能是用 Gephi 画出来的。Gephi 是一款开源的画图软件，支持交互式探索网络与层次结构。

（2）TileMill。自定义地图的制作难度较大且技术性强，然而现在已经有多种程序使得基于自己的数据、按喜好和需求设计地图变得相对容易了。地图平台 MapBox 提供的 TileMill 就是一款开源的桌面软件，有不同平台的多个版本，可以下载并安装，然后加载一个 shapefile。

shapefile 是用来描述诸如多边形、线和点这种地理空间数据的文件格式，网上很容易找到这种文件。例如，美国人口调查局就提供了道路、水域和街区的 shapefile。

（3）ImagePlot。加州电信学院软件研究实验室的 ImagePlot 能将大规模的图像集合作为一组数据点来进行探索。例如，你可以根据颜色、时间或数量来绘制图形，从而展现某位艺术家或某一组照片的发展趋势与变化。

（4）树图。绘制树图的方法有很多种，但马里兰大学人机交互实验室的交互式软件是最早的，而且可以免费使用。树图对于探索小空间中的层次式数据非常有用。Hive 小组还开发并维护了一款商用版本。

（5）indiemapper。这是地图制作小组 Axis Maps 提供的一个免费服务。与 TileMill 类似，它支持创建自定义地图以及用自己的数据制图，但它运行在浏览器中，而不是作为桌面客户端软件运行。indiemapper 使用简单，并且有大量的示例可以帮助你起步。这款应用最让人喜欢的一点是它可以方便地变换地图投影，这能引导你找出最适合自己需要的投影方式。

（6）GeoCommons。其与 indiemapper 类似，但更专注于数据的探索和分析。用户可以上传自己的数据，也可以从 GeoCommons 数据库中抽取数据，然后与点和区域进行交互。用户还可以将数据以多种常见的格式导出，以便导入其他软件。

（7）ArcGIS。在新的地图工具出现之前，对大多数人来说，ArcGIS 都是首选的地图工具。ArcGIS 是个特性丰富的平台，几乎能做与地图有关的任何事情。大多数时候，基本功能已经足够，因此最好还是先尝试一下免费选项，如果不够用，再尝试 ArcGIS。

1.4.5　可视化编程工具

成本高昂的企业级解决方案，专用性强的最优性能应用，它们分别代表着完全可行的两种数据可视情况，这里，还存在着第 3 种情况，有大量免费开源方案可用来支撑数据可视化应用，例如 D3、R 语言、Gephi 等。

（1）Gephi。Gephi 自称是"开放的图表及可视化平台"，支撑用户创建、探索和理解图表。对比仅仅是图形和数据呈现的 Photoshop，Gephi 能支持各种不同网络和复杂系统，帮助用户创建动态的层次丰富的图表。

Gephi 初创于 2009 年的一个大学生项目，却已迅速成为一个对可视化和分析尤其是大型网络而言颇具价值的开源软件资源。现在，Gephi 使得成千上万的用户创建并检验假设、深入探寻模式以及观测异常值、偏差值，变得十分容易。可以将 Gephi 想象成统计辅助工具（Gephi 还能跟 R 语言进行整合）。

还有两个著名的开源 BI 解决方案：Jaspersoft 和 Pentaho。确切地说，它们并不完全是数据可视应用，但是，上百万用户下载这些工具并将它们用于解释数据和理解他们的业务问题。这些开源工具所代表的仅仅是数据可视化和软件程序的冰山一角。

（2）Python。这是一款通用的编程语言，它原本并不是针对图形设计的，但还是被广泛地应用于数据处理和 Web 应用。如果已经熟悉了这门语言，通过它来可视化探索数据就是合情合理的。尽管 Python 在可视化方面的支持并不全面，但还是可以从 matplotlib 入手，这是个很好的起点。

（3）D3.js。它处理的是基于数据文档的 JavaScript 库。D3 利用诸如 HTML、Scalable Vector Graphic 以及 Cascading Style Sheets 等编程语言让数据变得更生动。通过对网络标准的强调，D3 赋予用户当前浏览器的完整能力，而无需与专用架构进行捆绑；并将强有力的可视化组件和数据驱动手段与文档对象模型（DOM，Document Object Model）操作实现融合。

D3.js 数据可视化工具的设计很大程度上受到 REST Web APIs 的影响。根据以往经验，创建一个数据可视化的过程如下。

1）从多个数据源汇总全部数据。

2）计算数据。

3）生成一个标准化的/统一的数据表格。

4）对数据表格创建可视化。

REST Web APIs 将这个过程流程化，使得从不同数据源迅速抽取数据变得非常容易。诸如 D3 等工具就是专门设计来处理源于 JSON API 的数据响应，并将其作为数据可视化流程的输入。这样，可视化能够实时创建并在任何能够呈现网页的终端上展示，使信息能够及时给到每一个人。

（4）R 语言。由新西兰奥克兰大学 Ross Ihaka 和 Robert Gentleman 开发的 R 语言是一种用于统计学计算和绘图的语言，它已超越仅仅是流行的强有力开源编程语言的意义，成为统计计算和图表呈现的软件环境，并且还处在不断发展的过程中（见图 1-18）。

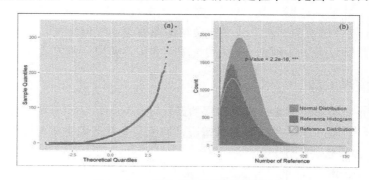

图 1-18　R 语言绘制的数据分析图形

如今，R 语言的核心开发团队完善了其核心产品，这将推动其进入一个令人激动的全新方向。无数的统计分析和数据挖掘人员利用 R 语言开发统计软件并实现数据分析。对数据挖掘人员的民意和市场调查表明，R 语言近年普及率大幅增长。

R 语言最初的使用者主要是统计分析师，但后来用户群扩充了不少。它的绘图函数能用短短几行代码便将图形画好，通常一行就够了。

Genentech 公司的高级统计科学家 Nicholas Lewin-Koh 描述 R 语言为"对于创建和开发生动、有趣图表的支撑能力丰富，基础 R 已经包含支撑协同图（Coplot）、拼接图（Mosaic Plot）和双标图（Biplot）等多类图形的功能。"R 语言更能帮助用户创建强大的交互性图表和数据可视化。R 语言主要的优势在于它是开源的，在基础分发包之上，人们又做了很多扩展包，这些包使得统计学绘图（和分析）更加简单。

（5）JavaScript、HTML、SVG 和 CSS。在可视化方面，过去在浏览器上可做的事情非常有限，通常必须借助于 Flash 和 ActionScript。然而，自从不支持 Flash 的苹果移动设备出现之后，人们便很快转向了 JavaScript 和 HTML。除了可缩放矢量图形（SVG）之外，JavaScript 还可用来控制 HTML。层叠样式表（CSS）则用于指定颜色、尺寸及其他美术特性。JavaScript 具有很大的灵活性，可以做出用户想要的各种效果。在这一点上，更大的局限还是在于自己的想象力，而非技术。

以前各种浏览器对 JavaScript 的支持不尽一致，然而现有的浏览器，例如 FireFox、Safari 和 Google Chrome，都能找到相应功能来制作在线的交互式可视化效果。

如果你看到的数据是在线的、可交互式的，那么很可能作者就是用 JavaScript 制作的。学习 JavaScript 可以从零起步，不过有一些可视化库会带来不少的便利。

（6）Processing。它原本是为美工设计的，是一种开源的编程语言，基于素描本（sketchbook）这一隐喻来编写代码。如果你是编程新手，Processing 将是个不错的出发点，因为用 Processing 只需要几行代码就能实现非常有用的功能。此外，它还有大量的示例、库、图书以及一个提供帮助的巨大社区，这一切都让 Processing 引人注目。

（7）PHP。和 Python 一样，PHP 也是比 R 语言和 Processing 应用更为广泛的编程语言。虽然 PHP 主要用于 Web 编程，但因为大多数 Web 服务器都已经安装了 PHP，就不必操心安装这一步了。PHP 还有图形库，这意味着可以把它应用于数据的可视化。基本上，只要能加载数据并基于数据画图，就可以创建视觉数据。

【实验与思考】熟悉大数据可视化

1. 实验目的

（1）熟悉大数据可视化的基本概念和主要内容。

（2）通过绘制南丁格尔极区图，尝试了解大数据可视化的设计与表现技术。

2. 工具/准备工作

在开始本实验之前，请认真阅读课程的相关内容。

需要准备一台带有浏览器，能够访问因特网的计算机。

3. 实验内容与步骤

（1）请查阅相关文献资料，简述：什么是数据可视化？数据可视化系统的主要目的是什么？

答：_____

_____

_____

_____

（2）随着大数据时代的日渐成熟，用于大数据可视化分析的应用软件系统正在不断涌现、不断发展。在大数据背景下，基于云计算模式，一些大数据可视化软件提供了基于 Web 的应用软件服务形式。请通过网络搜索，回答：什么是软件服务的 SaaS 模式？

答：_____

_____

_____

_____

（3）未来，你可能通过 SaaS 服务模式来获取大数据及其可视化软件的应用服务吗？你

认为这种服务形式有什么积极或者消极的意义？

答：_____

_____

_____

_____

（4）大数据魔镜网站（http://www.moojnn.com/）是以 Web 形式提供大数据可视化软件应用服务的专业网站，请通过网络搜索，了解正在发展中的可视化数据分析网站——大数据魔镜。

通过浏览了解，你对大数据魔镜网站的可视化数据分析能力的评价是：

答：_____

_____

_____

_____

（5）南丁格尔极区图是数据统计类信息图表中常见到的一类图表形式，下面是这类图表的常见绘制方法。

【设计分析】

最终的效果图如图 1-19 所示。

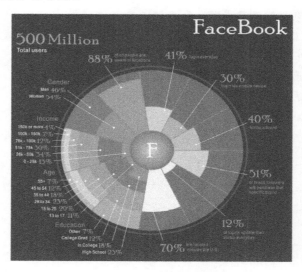

图 1-19　Facebook 极区图

①　图表中包括性别、年龄、教育、收入等 11 个分类的对比信息指标，每个指标占用的圆周的角度相同，即任一指标的扇区角度为（360/11=32.723 度）。在 CorelDraw 中，其表现为"角度相同，半径不等的扇区图"。

②　在"Gender""Income""Age""Education"四个指标中，又被分别划成几个不同的区段。在 CorelDraw 中，同一扇区图中不同的区段由"角度相同，半径不等的扇区图"依次叠加而成。

【绘图步骤】

此信息图的绘制，主要应用 CorelDraw 软件中的"旋转"和"分层叠加"两个功能。Facebook 极区信息图在 CorelDraw 中的具体绘制步骤如下。

步骤 1：绘制定位圆环和背景圆，以及 11 等分扇形。

步骤 2~3：依次绘制 11 个指标对应的不同长度的扇区图。

步骤 4~6：依次绘制 4 个指标中的不同区段的扇区图（见图 1-20）。

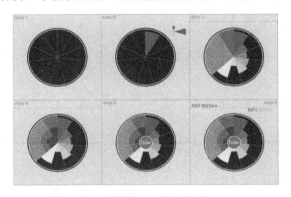

图 1-20　绘制极区图的步骤 1~6

读者也可尝试用自己熟悉的其他制图软件工具绘制此图。

4. 实验总结

_____

_____

_____

_____

5. 实验评价（教师）

_____

_____

第 2 章　Excel 数据可视化方法

【导读案例】亚马孙丛林的变迁

亚马孙盆地位于南美洲北部，包括巴西等 6 个国家的广大地区。亚马孙雨林是世界上最大的热带雨林，其面积比整个欧洲还要大，有 700 万平方千米，占地球上热带雨林总面积的 50%，其中有 480 万平方千米在巴西境内，从安第斯山脉低坡延伸到巴西的大西洋海岸（见图 2-1）。

图 2-1　亚马孙雨林

亚马孙雨林对于全世界以及生存在世界上的一切生物的健康都是至关重要的。树林能够吸收二氧化碳（CO_2），而二氧化碳气体的大量存在会使地球变暖，危害气候，以致极地冰盖融化，引起洪水泛滥。树木也产生氧气，它是人类及所有动物的生命所必需的。有些雨林的树木长得极高，达 60 米以上。它们的叶子形成"篷"，像一把雨伞，将光线挡住。因此树下几乎不生长什么低矮的植物。这里自然资源丰富，物种繁多，生态环境纷繁复杂，生物多样性保存完好，被称为"生物科学家的天堂"。

然而，亚马孙热带雨林并没有因为它的富有而得到人类的厚爱。人们从 16 世纪起开始开发森林。1970 年，巴西总统为了解决东北部的贫困问题，又做出了一个最可悲的决策：开发亚马孙地区。这一决策使该地区每年约有 8 万平方千米的原始森林遭到破坏，1969—1975 年，巴西中西部和亚马孙地区的森林被毁掉了 11 万多平方千米，巴西的森林面积同 400 年前相比，整整减少了一半（30 年变迁示意图见图 2-2）。

热带雨林的减少不仅意味着森林资源的减少，而且意味着全球范围内的环境恶化。因为森林具有涵养水源、调节气候、消减污染、减少噪音、减少水土流失及保持生物多样性的功能。

热带雨林像一个巨大的吞吐机，每年吞噬全球排放的大量的二氧化碳，又制造大量的氧气，亚马孙热带雨林由此被誉为"地球之肺"。如果亚马孙的森林被砍伐殆尽，地球上维持人类生存的氧气将减少 1/3。

图 2-2　亚马孙丛林 30 年变迁

　　热带雨林又像一个巨大的抽水机，从土壤中吸取大量的水分，再通过蒸腾作用，把水分散发到空气中。另外，森林土壤有良好的渗透性，能吸收和滞留大量的降水。亚马孙热带雨林储蓄的淡水占地表淡水总量的 23%。森林的过度砍伐会使土壤侵蚀、土质沙化，引起水土流失。巴西东北部的一些地区就因为毁掉了大片的森林而变成了巴西最干旱、最贫穷的地方。

　　除此之外，森林还是巨大的基因库，地球上约 1 000 万个物种中，有 200～400 万种都生存于热带、亚热带森林中。在亚马孙河流域的仅 0.08 平方千米左右的取样地块上，就可以得到 4.2 万个昆虫种类，亚马孙热带雨林中每平方千米不同种类的植物达 1 200 多种，地球上动植物的 1/5 都生长在这里。然而由于热带雨林的砍伐，那里每天都至少消失一个物种。有人预测，随着热带雨林的减少，许多年后，至少将有 50～80 万种动植物灭绝。雨林基因库的丧失将成为人类最大的损失之一。

　　阅读上文，请思考、分析并简单记录。

　　（1）湿地有强大的生态净化作用，因而又有"地球之肾"的美名。请通过网络搜索学习，了解湿地对自然的意义，并请简单记录。

　　答：_____

_____

_____

_____

　　（2）请通过网络搜索学习，了解亚马孙丛林对全人类的意义，并简单记录。

　　答：_____

_____

_____

_____

（3）图 2-2 以地图数据可视化方式形象地表现了亚马孙丛林的变迁，请简单分析在这个案例中文字描述与数据可视化方法的不同。

答：_____

_____

_____

（4）请简单描述你所知道的上一周发生的国际、国内或者身边的大事。

答：_____

_____

_____

_____

2.1　Excel 的函数与图表

电子表格软件（如 Microsoft Excel）提供了创建电子表格的工具。它就像一张"聪明"的纸，可以自动计算上面的整列数字，还可以根据用户输入的简单等式或者软件内置的更加复杂的公式进行其他计算。另外，电子表格软件还可以将数据转换成各种形式的彩色图表，它有特定的数据处理功能，例如为数据排序，查找满足特定标准的数据以及打印报表等。

大多数电子表格软件为预先设计的工作表提供了一些模板或向导，例如，发货清单、收支报表、资产负债表和贷款还款计划，还可以在 Web 上得到其他模板。这些模板一般由专业人员设计，里面包含所有必要的标签和公式。使用模板时，只需填入数值就可进行计算。

以 Microsoft Office Excel 2013 中文版为例，在 Windows "开始"菜单中单击"Excel 2013"命令，屏幕显示 Excel 工作界面如图 2-3 所示，从上到下，依次是：标题栏、菜单栏、常用工具栏、格式栏、编辑栏，最后一行是状态行。

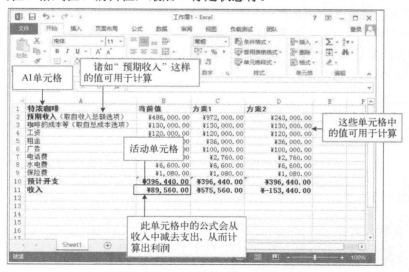

图 2-3　Excel 2013 操作界面

2.1.1 Excel 函数

Excel 的函数功能是其数据处理的重要手段之一，在生活和工作实践中可以有多种应用，用户甚至可以用 Excel 来设计复杂的统计管理表格或者小型的数据库系统。

Excel 的函数实际上是一些预定义的公式计算程序，它们使用一些参数按特定的顺序或结构进行计算。用户可以直接用来对某个区域内的数值进行一系列运算，如分析和处理日期值和时间值、确定贷款支付额、确定单元格中的数据类型、计算平均值、排序显示和运算文本数据等。

（1）参数。可以是数字、文本、逻辑值、数组、错误值或单元格引用等，给定的参数必须能产生有效的值。参数也可以是常量、公式或其他函数。

（2）数组。用于建立可产生多个结果或可对存放在行和列中的一组参数进行运算的单个公式。在 Excel 中有两类数组：区域数组和常量数组。区域数组是一个矩形的单元格区域，该区域中的单元格共用一个公式；常量数组将一组给定的常量用作某个公式中的参数。

（3）单元格引用。用于表示单元格在工作表所处位置的坐标值。例如，显示在第 B 列和第 3 行交叉处的单元格，其引用形式为"B3"（相对引用）或"B3"（绝对引用）。

（4）常量。是直接输入到单元格或公式中的数字或文本值，或由名称所代表的数字或文本值。例如，日期 8/8/2014、数字 210 和文本"Quarterly Earnings"都是常量。公式或由公式得出的数值都不是常量。

一个函数还可以是另一个函数的参数，这就是嵌套函数。所谓嵌套函数，是指在某些情况下，可能需要将某函数作为另一个函数的参数使用。例如，图 2-4 中的公式使用了嵌套的 AVERAGE 函数，并将结果与 50 相比较。这个公式的含义是：如果单元格 F2 到 F5 的平均值大于 50，则求 G2 到 G5 的和，否则显示数值 0。

图 2-4　嵌套函数

如图 2-5 所示，函数的结构以函数名称开始，后面是左圆括号、以逗号分隔的参数和右圆括号。如果函数以公式的形式出现，则应在函数名称前面输入等号（=）。

单击工具栏中的"插入公式（*fx*）"按钮，会出现"插入函数"对话框（见图 2-6）。可在对话框或编辑栏中创建或编辑公式，还可提供有关函数及其参数的信息。

图 2-5　函数的结构

图 2-6　插入与编辑函数

Excel 的函数一共有 13 类,分别是数据库函数、日期与时间函数、工程函数、财务函数、信息函数、逻辑函数、查找与引用函数、数学和三角函数、统计函数、文本函数、多维数据集函数、兼容性函数和 Web 函数。

2.1.2　Excel 图表

Excel 的数据分析图表可用于将工作表数据转换成图片,具有较好的可视化效果,可以快速表达绘制者的观点,方便用户查看数据的差异、图案和预测趋势等。例如,用户不必分析工作表中的多个数据列就可以立即看到各个季度销售额的升降,或很方便地对实际销售额与销售计划进行比较(见图 2-7)。

为创建图表,需要先在工作表中为图表输入数据,然后按以下步骤操作。

步骤 1:选择要为其创建图表的数据(见图 2-8)。

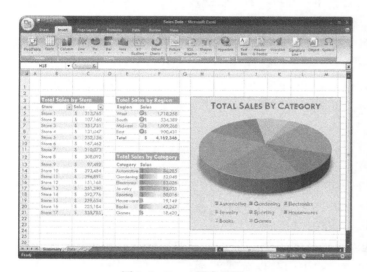

图 2-7　Excel 图表示例　　　　　　　　　　图 2-8　选择数据

步骤 2:选择"插入"→"推荐的图表"命令。在"推荐的图表"选项卡(见图 2-9)上滚动浏览 Excel 为用户数据推荐的图表列表,然后单击任意图表以查看数据的呈现效果。

图 2-9　"推荐的图表"选项

如果没有看到自己喜欢的图表，可单击"所有图表"以查看可用的图表类型（见图2-10）。

步骤3：找到所要的图表时，单击该图表，然后单击"确定"按钮。

步骤4：使用图表右上角附近的"图表元素""图表样式"和"图表筛选器"按钮（见图2-11），添加坐标轴标题或数据标签等图表元素，自定义图表的外观或更改图表中显示的数据。

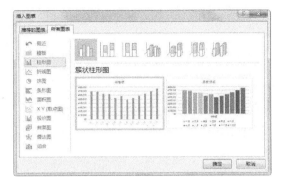 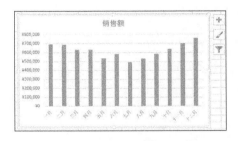

图 2-10　在"所有图表"中选择　　　　　　图 2-11　添加图表元素等

步骤5：若要访问其他设计和格式设置功能，可单击图表中的任何位置将"图表工具"添加到功能区，然后在"设计"和"格式"选项卡上单击所需的选项（见图2-12）。

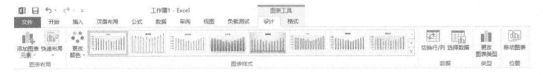

图 2-12　图表工具

各种图表类型提供了一组不同的选项。例如，对于簇状柱形图而言，包括以下选项。

（1）网格线：可以在此处隐藏或显示贯穿图表的线条。

（2）图例：可以在此处将图表图例放置于图表的不同位置。

（3）数据表：可以在此处显示包含用于创建图表的所有数据的表。用户也可能需要将图表放置于工作簿中的独立工作表上，并通过图表查看数据。

（4）坐标轴：可以在此处隐藏或显示沿坐标轴显示的信息。

（5）数据标志：可以在此处使用各个值的行和列标题（以及数值本身）为图表加上标签。这里要小心操作，因为很容易使图表变得混乱并且难于阅读。

（6）图表位置：如："作为新工作表插入"或者"作为其中的对象插入"。

实验确认：□ 学生 □ 教师

2.1.3　选择图表类型

工作中经常使用柱形图和条形图来表示产品在一段时间内的生产和销售情况的变化或数量的比较，如表示分季度产品份额的柱形图就显示了各个品牌的市场份额的比较和变化。

如果要体现的是一个整体中每一部分所占的比例（例如市场份额）时，通常使用"饼图"。此外，比较常用的就是折线图和散点图了，折线图通常也是用来表示一段时间内某种数值的变化，常见的如股票价格的折线图等。散点图主要用在科学计算中。例如，可以使用正弦和余弦曲线的数据来绘制出正弦和余弦曲线。

为选择正确的图表类型，可按以下步骤操作。

步骤1：选定需要绘制图表的数据单元，在选择"插入"→"推荐的图表"命令，打开"插入图表"对话框（见图2-13）。

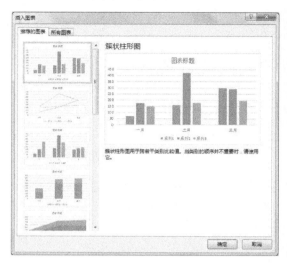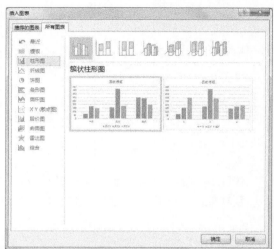

图2-13 "插入图表"对话框

步骤2：在"插入图表"对话框"所有图表"选项卡的左窗格中单击选择"XY（散点图）"选项，在右窗格中选择"带平滑线的散点图"（见图2-14）。

步骤3：单击"确定"按钮，完成散点图绘制（见图2-15）。

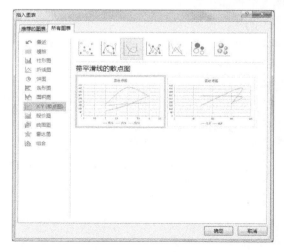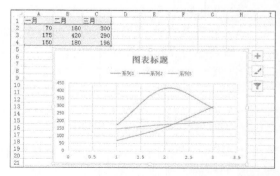

图2-14 选择散点图　　　　　　　　　　图2-15 绘制散点图

对于大部分二维图表，既可以更改数据系列的图表类型，也可以更改整张图表的图表类型。对于气泡图，只能更改整张图表的类型。对于大部分三维图表，更改图表类型将影响整张图表。

所谓"数据系列"是指在图表中绘制的相关数据点，这些数据源自数据表的行或列。图表中的每个数据系列具有唯一的颜色或图案并且在图表的图例中表示。可以在图表中绘制一个或多个数据系列。饼图只有一个数据系列。对于三维条形图和柱形图，可以将有关数据系列更改为圆锥、圆柱或棱锥图表类型。

步骤1： 若要更改图表类型，可单击整张图表或单击某个数据系列。

步骤2： 在右键菜单中单击"更改图表类型"命令。

步骤3： 在"所有图表"选项卡上选择所需的图表类型。

步骤4： 若要对三维条形或柱形数据系列应用圆锥、圆柱或棱锥等图表类型，可在"所有图表"选项卡中单击"圆柱图""圆锥图"或"棱锥图"。

实验确认：□ 学生 □ 教师

2.2 整理数据源

大数据时代，面对浩瀚的数据海洋，我们如何才能从中提炼出有价值的信息呢？其实，任何一个数据分析人员在做这方面工作时，都是先获得原始数据，然后对原始数据进行整合、处理，再根据实际需要将数据集合。只有这样层层递进才能挖掘原始数据中潜在的商业信息，也只有这样才能掌握目标客户的核心数据，为企业自身创造更多的价值。

2.2.1 数据提炼

所谓数据集成是把不同来源、格式、特点、性质的数据在逻辑上或物理上有机地集中，从而提供全面的数据共享。在 Excel 中，用户可以执行数据的排序、筛选和分类汇总等操作，按一定规则对数据进行整理、排列，为数据的进一步处理做好准备。

实例2-1： 2016 年福特汽车销量情况。

根据每月记录的不同车型销量情况，评判 2016 年前 5 个月哪种车型最受大众青睐，以此向更多客户推荐合适的车型。

步骤1： 获取原始数据。图 2-16a 是一份从网站中导入且经过初始化后的销售数据，从表格中可以读出简单的信息，如不同车型每月的具体销量。

步骤2： 排序数据。将月份销量进行升序排列，即选定 G3 单元格，然后在"数据"选项卡下的"排序和筛选"选项组中单击"升序"按钮，数据将自动按从小到大排列（见图 2-16b）。

步骤3： 制作图表。先选取 A3:A9 单元格区域，然后按住〈Ctrl〉键的同时选取 G3:G9 单元格区域，在"插入"选项卡下插入图表，接着选择簇状条形图，系统就按数据排列的顺序生成有规律的图表（见图 2-16c）。

实验确认：□ 学生 □ 教师

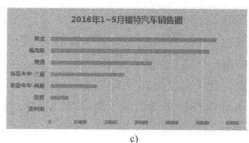

2016年福特汽车销售情况						
车型	5月	4月	3月	2月	1月	2016
翼博	7201	7404	7406	6935	4557	33503
翼虎	10901	11393	11102	12107	8922	54425
麦柯斯	225	110	64	74	10	483
新嘉年华-两厢	3344	3220	3243	3758	1897	15462
新嘉年华-三厢	5202	4811	5065	6201	3158	24437
福克斯	9955	10207	10006	11904	10065	52137
致胜	1075	1304	1271	1367	1039	6056

a)

2016年福特汽车销售情况						
车型	5月	4月	3月	2月	1月	2016
麦柯斯	225	110	64	74	10	483
致胜	1075	1304	1271	1367	1039	6056
新嘉年华-两厢	3344	3220	3243	3758	1897	15462
新嘉年华-三厢	5202	4811	5065	6201	3158	24437
翼博	7201	7404	7406	6935	4557	33503
福克斯	9955	10207	10006	11904	10065	52137
翼虎	10901	11393	11102	12107	8922	54425

b)

c)

图 2-16　实例 2-1 绘制过程

实例 2-2：产品月销售情况。

自动筛选一般用于简单的条件筛选，筛选时将不满足条件的数据暂时隐藏起来，只显示符合条件的。高级筛选一般用于条件较复杂的筛选操作，其筛选的结果可显示在原数据表格中，可以在新的位置显示筛选结果，不符合条件的记录同时保留在数据表中而不会被隐藏起来。

本例中，统计某月不同系列的产品的月销量和月销售额，观察销售额在 25 000 以上的产品系列。在保证不亏损的情况下，扩展产品系列的市场。

步骤 1：统计月销售数据。将产品的销售情况按月份记录下来，然后抽取某月的销售数据来调研（见图 2-17a）。

×××公司产品月销售情况			
产品系列	单价	销售量	销售额
A	199	56	11144
A1	219	45	9855
A2	249	40	9960
B	255	102	26010
B1	288	85	24480
B2	333	76	25308
C	308	88	27104
C1	328	71	23288
C2	358	66	23628
D	399	76	30324
D1	425	55	23375
D2	465	39	18135

a)

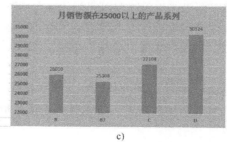

×××公司产品月销售情况			
产品系列	单价	销售量	销售额
B	255	102	26010
B2	333	76	25308
C	308	88	27104
D	399	76	30324

b)

c)

图 2-17　实例 2-2 绘制过程

步骤2：筛选数据。单击"销售额"栏目，选择"数据"→"筛选"命令，利用筛选功能下的"数字筛选"，从其下拉菜单中选择大于等于条件，设置大于等于 25 000 的筛选条件（见图 2-17b）。

步骤3：制作图表。将筛选出的产品系列和销售额数据生成图表，系统默认显示大于等于 25 000 的产品系列，以只针对满足条件的产品进行分析（见图 2-17c）。

实验确认：□ 学生 □ 教师

实例2-3：公司货物运输费情况表。

在对数据进行分类汇总前，必须确保分类的字段是按照某种顺序排列的，如果分类的字段杂乱无序，分类汇总将会失去意义。

在本例中，假设总公司从库房向成华区、金牛区和锦江区的卖点送达货物，记录下在运输的过程中产生的汽车运输费和人工搬运费，通过分类汇总制作 3 个卖点的运输费对比图。

步骤1：排序关键字。如图 2-18a 所示，单击"送达店铺"栏，再选择"数据"→"排序和筛选"→"排序"命令，打开"排序"对话框，设置"送达店铺"关键字按"升序"排序。

步骤2：分类汇总。同样选择"数据"→"分级显示"→"分类汇总"命令，打开"分类汇总"对话框。然后，设置分类字段为"送达店铺"，汇总方式为"求和"，在"选定汇总项"列表中选择"汽车运输费"和"人工搬运费"，如图 2-18b 所示。

步骤3：制作图表。单击分类汇总后单击左上角的级别"2"按钮，选取各地区的汇总结果生成柱状图表。图表中显示了各地区的汽车运输费和人工搬运费对比情况（见图 2-18c）。

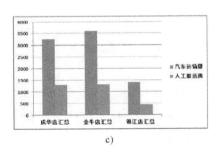

a)   b)   c)

图 2-18　实例 2-3 绘制过程

实验确认：□ 学生 □ 教师

对于一份庞大的数据来说，无论是手动录制还是从外部获取，难免会出现无效值、重复值、缺失值等情况。不符合要求的主要有缺失数据、错误数据、重复数据这 3 类，这样的数据就需要进行清洗，此外还有数据一致性检查等操作。

2.2.2　抽样产生随机数据

做数据分析、市场研究、产品质量检测，通常不可能像人口普查那样进行全量的研究，常常需要用到抽样分析技术。在 Excel 中使用"抽样"工具，必须先启用"开发工具"选项，然后再加载"分析工具库"。

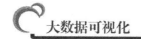

抽样方式包括周期和随机。所谓周期模式即等距抽样，需要输入周期间隔。输入区域中位于间隔点处的数值以及此后每一个间隔点处的数值将被复制到输出列中。当到达输入区域的末尾时，抽样将停止。而随机模式适用于分层抽样、整群抽样和多阶段抽样等。随机抽样需要输入样本数，计算机自行进行抽样，不受间隔规律的限制。

实例2-4：随机抽样客户编码。

步骤1：加载"分析工具库"。选择"文件"→"选项"→"自定义功能区"命令（见图2-19），然后在"自定义功能区（B）"面板中选择"开发工具"，单击"确定"按钮，这样，在Excel工作表的主菜单中就显示了"开发工具"命令（见图2-20）。

图2-19　文件→选项→自定义功能区

图2-20　"开发工具"选项卡

步骤2：选择"开发工具"→"加载项"命令，在弹出的对话框列表中选择"分析工具库"，单击"确定"按钮，就可成功加载"数据分析"功能。这时，在"数据"选项卡的"分析"组中可以看到"数据分析"选项。

现有从51001开始的100个连续的客户编码，需要从中抽取20个客户编码进行电话拜访，用抽样分析工具产生一组随机数据。

步骤3：获取原始数据。如图2-21a所示，将编码从51001开始按列依次排序到51100，并对间隔列填充相同颜色。

步骤4：使用抽样工具。选择"数据"→"分析"→"数据分析"命令，打开"数据分析"对话框，然后在"分析工具"列表中选择"抽样"，如图2-21b所示。

步骤5：设置输入区域和抽样方式。在弹出的"抽样"对话框中，设置"输入区域"为"\$A\$1:\$I\$10"，设置"抽样方法"为"随机"，样本数为20，再设置"输出区域"为"\$K\$1"，如图2-21c所示。

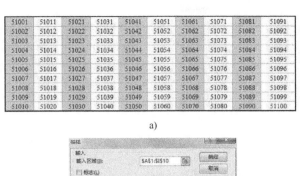

a)　　　　　　　　　　　　　　　　b)

c)　　　　　　　　　　　　　　　　d)

图2-21　实例2-4随机抽样客户编码过程

步骤6：抽样结果。单击对话框中的"确定"按钮后，K列中随机产生了20个样本数据，将产生的后10个数据剪切到L列，然后利用突出显示单元格规则下的重复值选项，将重复结果用不同颜色标记出来，结果如图2-21d所示。

实验确认：☐ 学生　☐ 教师

2.3　数理统计中的常见统计量

人们在描述事物或过程时习惯性地偏好于接受数字信息以及对各种数字进行整理和分析，而统计学就是基于现实经济社会发展的需求而不断发展的。

2.3.1　比平均数更稳定的中位数和众数

在统计学领域有一组统计量是用来描述样本的集中趋势的，即平均数、中位数和众数。

（1）平均数：在一组数据中，所有数据之和再除以这组数据的个数。

（2）中位数：将数据从小到大排序之后的样本序列中，位于中间的数值。

（3）众数：一组数据中，出现次数最多的数。

平均数涉及所有的数据，中位数和众数只涉及部分数据，它们互相之间可以相等也可以不相等，却没有固定的大小关系。一般来说，平均数、中位数和众数都是一组数据的代表，分别代表这组数据的"一般水平""中等水平"和"多数水平"。

实例2-5：员工工作量统计。

在本例中，统计员工7月份的工作量，对整个公司的工作进度进行分析，再评价姓名为"陈科"的员工的工作情况。

如图2-22a所示，在工作表中分别利用AVERAGE函数、MEDIAN函数和MODE函数求出"业绩"组的平均数、中位数和众数。

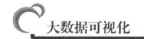

a)

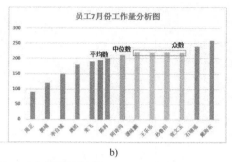
b)

图 2-22　实例 2-5 员工工作量统计过程

如图 2-22b 所示，用"姓名"列和"业绩"列作为数据源，将其生成图表，并用不同颜色填充系列"中位数"和"众数"，再手绘一个"平均数"的柱形图置于图表中。

从图表中可以看出，若要体现公司的整体业绩情况，平均数最具代表性，它反映了总体的平均水平，即公司 7 月份员工的平均业绩：194。而中位数是一个趋向中间值的数据，处于总体中的中间位置，所以有一半的样本值是小于该值，还有一半的样本值大于该值，相对于平均数来讲，本例中的中位数 210 更具考察意义，因为平均数的计算受到了最大值和最小值两个极端异常值的影响，中位数虽然不能反映公司的一般水平，但是却反映了公司的集中趋势——中等水平。将本例中出现次数最多的众数 220 与平均数和中位数对比后会发现，在所有数据中 220 是一个多数人的水平，它反映了整个公司大多数人的工作状态，也是数据集中趋势的一个统计量。

如果单独考察"陈科"的工作状况，他 7 月份的工作业绩是 200，并没有达到公司的"中等水平"和"多数水平"，但参考这两个统计量并不能否定他这个月的成绩，因为他的业绩高于整个公司的"平均水平"。

实验确认：□ 学生　□ 教师

2.3.2　概率统计中的正态分布和偏态分布

概率可以理解为随机出现的相对数。随机现象是相对于决定性现象而言的。在一定条件下必然发生某一结果的现象称为决定性现象。随机现象则是指在基本条件不变的情况下，每一次试验或观察前，不能肯定会出现哪种结果，呈现出偶然性，如常见的掷骰子试验。事件的概率是衡量该事件发生的可能性的量度。虽然在一次随机试验中某个事件的发生是带有偶然性的，但那些可在相同条件下大量重复的随机试验却往往呈现出明显的数量规律，其中正态分布和偏态分布就是数据有规律出现的两个代表。

正态分布（见图 2-23a）是一种对称概率分布，而偏态分布（见图 2-23b）是指频数分布不对称、集中位置偏向一侧的分布。若集中位置偏向数值小的一侧，称为正偏态分布；集中位置偏向数值大的一侧，称为负偏态分布。在 Excel 中通过折线图或散点图可以模拟出如图 2-23 所示的效果。

在 Excel 中若要绘制正态分布图，需要了解 NORMDIST 函数。该函数返回指定平均值和标准偏差的正态分布函数。此函数在统计方面应用范围广泛（包括假设检验），能建立起一定数据频率分布直方图与该数据平均值和标准差所确定的正态分布数据的对照关系。

实例 2-6：计算学生考试成绩的正态分布图。

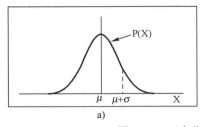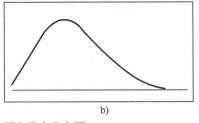

图2-23 正态分布图和偏态分布图

a) 正态分布图　b) 偏态分布图

一般考试成绩具有正态分布现象。现假设某班有 45 个学生，在一次英语考试中学生的成绩分布在 54～95 分（假设他们的成绩按着学号依次递增），计算该班学生成绩的累积分布函数图和概率密度函数图（见图2-24a，在第 27 行有折叠）。

步骤1：计算均值和方差。在 C2 单元格中输入计算学生成绩的均值公式 = AVERAGE (B3:B47)，按〈Enter〉键后显示结果。然后在 D2 单元格中输入公式 = STDEVP(B3:B47)计算学生成绩的方差。

步骤2：计算积累分布函数。在 E3 单元格中输入正态分布函数的公式 "= NORMDIST (B3, \$C\$2, \$D\$2, TRUE)"。输入该函数的 cumulative 参数时，选择 TRUE 选项表示累积分布函数。

a)

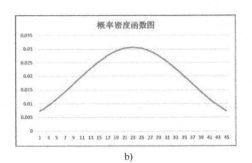

b)

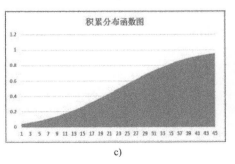

c)

图2-24 实例2-6 绘制过程

步骤 3：计算概率密度函数。在 F3 单元格中输入步骤 2 中的函数公式，只是最后一个 cumulative 参数设置为 FALSE，即概率密度函数。

步骤4：填充单元格公式。选取单元格 E3:F3，拖动鼠标填充 E4:F47 单元格区域。

步骤 5：绘制概率密度函数图。选取 F 列数据，插入折线图，系统显示如图 2-24b 所示。

步骤 6：绘制累积分布函数图。选取 E 列数据，插入面积图，系统显示如图 2-24c 所示。

实验确认：□ 学生 □ 教师

2.3.3 应用在财务预算中的分析工具

预测分析是大数据的核心，但同时也是一个很困难的任务。此处尝试在 Excel 中实现数据的分析和预测。在 Excel 中包括 3 种预测数据的工具，即移动平均法、指数平滑法和回归分析法。

（1）移动平均法：适用于近期预测。当产品需求既不快速增长也不快速下降，且不存在季节性因素时，移动平均法能有效地消除预测中的随机波动。

（2）指数平滑法：是生产预测中常用的一种方法，也用于中短期经济发展趋势预测。它兼容了全期平均和移动平均所长，不舍弃过去的数据，但是仅给予逐渐减弱的影响程度，即随着数据的远离，赋予逐渐收敛为零的权数。

（3）回归分析法：是在掌握大量观察数据的基础上，利用数理统计方法建立因变量与自变量之间的回归关系函数表达式。回归分析法不能用于分析与评价工程项目风险。

简单的全期平均法是对时间序列的过去数据一个不漏地全部加以同等利用；而移动平均法不考虑较远期的数据，并在加权移动平均法中给予近期资料更大的权重。

移动平均法根据预测时使用的各元素的权重不同，可以分为简单移动平均和加权移动平均。简单移动平均的各元素的权重都相等；加权移动平均给固定跨越期限内的每个变量值以不相等的权重。其原理是：历史各期产品需求的数据信息对预测未来期内的需求量的作用是不一样的。

实例 2-7：一次移动平均法预测。

如图 2-25a 所示，这是一份某企业 2015 年 12 个月的销售额情况表，表中记录了 1～12 月每个月的具体销售额，按移动期数为 3 来预测企业下一个月的销售额。

	A	B	C
1	月份	销售额（万元）	
2	1	98	
3	2	181	#N/A
4	3	96	#N/A
5	4	102	125
6	5	128	126.3333333
7	6	115	108.6666667
8	7	111	115
9	8	119	118
10	9	123	115
11	10	127	117.6666667
12	11	132	123
13	12	138	127.3333333
14			132.3333333

a)   b)

图 2-25 一次移动平均法实例

步骤 1：数据分析。打开销售额情况表，选择"数据"→"分析"→"数据分析"命令，打开"数据分析"对话框，在"分析工具"列表中选择"移动平均"工具，单击"确定"按钮。

步骤2：设置参数。在"移动平均"对话框中设置"输入区域"为 B2:B13，"输出区域"为 C3，"间隔"为 3，如图 2-25b 所示。

步骤3：预测结果。单击"移动平均"对话框中的"确定"按钮后，运行结果会显示在单元格区域 C5:C13 中，图 2-25a 中的第 14 行的数据即是下月的预测值。

实验确认：□ 学生 □ 教师

实例 2-8：指数平滑法预测。

如图 2-26a 所示，这是某企业 2013 年的销售额数据，用指数平滑法预测下个月的销售额。

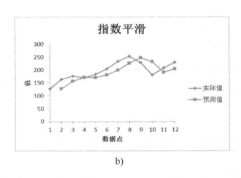

a)　　　　　　　　　　　　　　　　b)

图 2-26　指数平滑法预测实例

步骤1：打开"指数平滑"对话框，设置"输入区域"为"B2:B13"，"输出区域"为"C3"，然后输入"阻尼系数"为"0.2"，再选择"图表输出"复选框，单击"确定"按钮。

步骤2：预测结果。工作表中 C14 单元格中的数据就是指数平滑法预测出的结果。

步骤3：图表输出。除了工作表中会显示预测数据外，由于选择"图表输出"选项，所以系统还会将预测结果用图表的形式输出，如图 2-26b 所示。

实验确认：□ 学生 □ 教师

2.4　改变数据形式引起的图表变化

在 Excel 中，数据单位是否合理直接影响了图表的表达形式，如果设置不恰当，制作的图表不但不能准确传递数据信息，还可能误导用户对图表的使用，或者使设计的图表失去意义。

2.4.1　用负数突出数据的增长情况

在计算产值、增加值、产量、销售收入、实现利润和实现利税等项目的增长率时，经常使用的计算公式为：

增长率（%）＝（报告期水平 − 基期水平）/ 基期水平×100% ＝ 增长量/基期水平×100%

其中报告期和基期构成一对相对的概念，报告期是基期的对称，是指在计算动态分析指针时，需要说明其变化状况的时期；基期是作为对比基础的时期。

实例 2-9：数据如图 2-27a 所示，用"销售额"来表达数据增长情况并不为过（见图 2-27b），从图表中可以看出某年销售额的一个增长趋势。

在 C3 单元格中输入计算增长率的公式"＝(B3−B2) / B2"，然后拖动鼠标填充 C3。

用增长额来分析，使数据波动的大小和负增长的情况并不那么显而易见。而在图 2-27c 中，折线的起伏不定表示了数据的波动情况，而且在零基线上方展示了数据的正增长，还有一小部分在零基线下方，说明该年的销售额数据有负增长的情况——这就是用增长率来分析数据的优势。

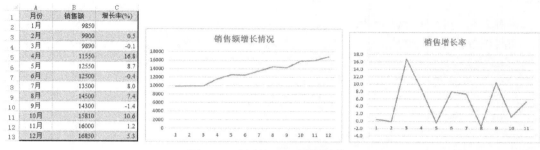

图 2-27　用增长率分析数据实例

实验确认：☐ 学生　☐ 教师

2.4.2　重排关键字顺序使图表更合适

条形图和柱形图最常用于说明各组之间的比较情况。条形图是水平显示数据的唯一图表类型。因此，该图常用于表示随时间变化的数据，并带有限定的开始和结束日期。另外，由于类别可以水平显示，因此它还常用于显示分类信息。

实例 2-10：在图 2-28a 中，选定 B2 单元格，切换至"数据"选项卡下，在"排序和筛选"组中单击"升序"按钮，便可得到图 2-28b 所示的结果。

从图 2-28c 可知源数据凌乱无序，无论是数据还是关键字都毫无规律可言。条形图与柱状图一样，在表示项目数据大小时，一般都会先对数据排序。图 2-28d 是对数值按从大到小的顺序排列后的效果。对于条形图，人们习惯将类别按从大至小的次序排列，也就是要将源数据按降序排列才会达到此效果。

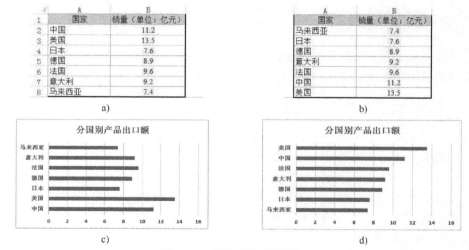

图 2-28　重排关键字顺序实例

实验确认：☐ 学生　☐ 教师

【实验与思考】体验 Excel 数据可视化方法

1. 实验目的

（1）熟悉 Excel 电子表格的基本操作。

（2）通过对第 2 章中实例的实验操作，熟悉 Excel 数据分析和数据可视化方法。

（3）体验大数据可视化分析的基础操作。

2. 工具/准备工作

在开始本实验之前，请认真阅读课程的相关内容。

需要准备一台安装有 Microsoft Excel（例如 2013 版）应用软件的计算机。

3. 实验内容与步骤

请仔细阅读本章的内容，对其中的各个实例实施具体操作，从中体验 Excel 数据统计分析与可视化方法。

注意：完成每个实例操作后，在对应的"实验确认"栏中打钩（√），并请实验指导老师指导并确认。

请问：你是否完成了上述各个实例的实验操作？如果不能顺利完成，请分析可能的原因是什么？

答：_____

_____

_____

_____

4. 实验总结

_____

_____

_____

5. 实验评价（教师）

_____

_____

第3章 Excel 数据可视化应用

【导读案例】包罗一切的数字图书馆

我们要讲述的是一个对图书馆进行实验的故事。没错，我们的实验对象不是一个人、一只青蛙、一个分子或者原子，而是史学史中最有趣的数据集：一个旨在包罗所有书籍的数字图书馆。

这样神奇的图书馆从何而来呢？

1996 年，斯坦福大学计算机科学系的两位研究生正在做一个现在已经没什么影响力的项目——斯坦福数字图书馆技术项目。该项目的目标是展望图书馆的未来，构建一个能够将所有书籍和互联网整合起来的图书馆。他们打算开发一个工具，能够让用户浏览图书馆的所有藏书。但是，这个想法在当时是难以实现的，因为只有很少一部分书是数字形式的。于是，他们将该想法和相关技术转移到文本上，将大数据实验延伸到互联网上，开发出了一个让用户能够浏览互联网上所有网页的工具，他们最终开发出了一个搜索引擎，并将其称为"谷歌"。

到 2004 年，谷歌"组织全世界的信息"的使命进展得很顺利，这就使其创始人拉里·佩奇有暇回顾他的"初恋"——数字图书馆。令人沮丧的是，仍然只有少数书是数字形式的。不过，在那几年间，某些事情已经改变了：佩奇现在是亿万富翁。于是，他决定让谷歌涉足扫描图书并对其进行数字化的业务。尽管他的公司已经在做这项业务了，但他认为谷歌应该为此竭尽全力。

雄心勃勃？无疑如此。不过，谷歌最终成功了。在公开宣称启动该项目的 9 年后，谷歌完成了 3 000 多万本书的数字化，相当于历史上出版图书总数的1/4。其收录的图书总量超过了哈佛大学（1 700 万册）、斯坦福大学（900 万册）、牛津大学（1 100 万册）以及其他任何大学的图书馆，甚至还超过了俄罗斯国家图书馆（1 500 万册）、中国国家图书馆（2 600 万册）和德国国家图书馆（2 500 万册）。唯一比谷歌藏书更多的图书馆是美国国会图书馆（3 300 万册）。而在你读到这句话的时候，谷歌可能已经超过它了。

长数据，量化人文变迁的标尺

当"谷歌图书"项目启动时，我们和其他人一样是从新闻中得知的。但是，直到两年后的 2006 年，这一项目的影响才真正显现出来。当时，我们正在写一篇关于英语语法历史的论文。为了完成该论文，我们对一些古英语语法教科书做了小规模的数字化。

现实问题是，与我们的研究最相关的书被"埋藏"在哈佛大学魏德纳图书馆（见图 3-1）里。下面介绍一下我们是如何找到这些书的。首先，到达图书馆东楼的二层，走过罗斯福收藏室和美洲印第安人语言部，你会看到一个标有电话号码"8900"和向上标识的过道，这些书被放在从上数的第二个书架上。多年来，伴随着研究的推进，我们经常来翻阅这个书架上的书。那些年，我们是唯一借阅过这些书的人，除了我们之外没有人在意这个书架。

有一天，我们注意到我们的研究中经常使用的一本书可以在网上看到了。那是由"谷歌图书"项目（见图 3-2）实现的。出于好奇，我们开始在"谷歌图书"项目中搜索魏德纳图书馆那个书架上的其他书，而那些书同样也可以在"谷歌图书"项目中找到。这并不是因为谷歌公司关心中世纪英语的语法。我们又搜索了其他一些书，无论这些书来自哪个书架，都可以在"谷歌图书"中找到对应的电子版本。也就是说，就在我们动手数字化那几本语法书时，谷歌已经数字化了几栋楼的书！

图 3-1　哈佛大学魏德纳图书馆

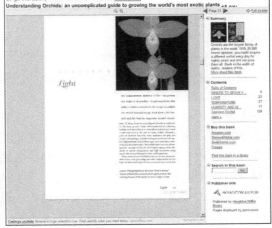

图 3-2　谷歌图书

谷歌的大量藏书代表了一种全新的大数据，其有可能会转变人们看待过去的方式。大多数大数据虽然大，但时间跨度却很短，是有关近期事件的新近记录。这是因为这些数据是由互联网催生的，而互联网只是一项新兴的技术。我们的目标是研究文化变迁，而文化变迁通常会跨越很长的时间段，这期间一代代的人生生死死。当我们探索历史上的文化变迁时，短期数据是没有多大用处的，不管它有多大。

"谷歌图书"项目的规模可以和我们这个数字媒体时代的任何一个数据集相媲美。谷歌数字化的书并不只是当代的：不像电子邮件、RSS 订阅和 superpokes 等，这些书可以追溯到几个世纪前。因此，"谷歌图书"不仅是大数据，而且是长数据。

由于"谷歌图书"包含了如此长的数据，和大多数大数据不同，这些数字化的图书不局限于描绘当代人文图景，还反映了人类文明在相当长一段时期内的变迁，其时间跨度比一个人的生命更长，甚至比一个国家的寿命还长。"谷歌图书"的数据集也由于其他原因而备受青睐——它涵盖的主题范围非常广泛。浏览如此大量的书籍可以被认为是在咨询大量的人，而其中有很多人都已经去世了。在历史和文学领域，关于特定时间和地区的书是了解那个时间和地区的重要信息源。

由此可见，通过数字透镜来阅读"谷歌图书"将有可能建立一个研究人类历史的新视角。我们知道，无论要花多长时间，我们都必须在数据上入手。

数据越多，问题越多

大数据为我们认识周围世界创造了新机遇，同时也带来了新的挑战。

第一个主要的挑战是，大数据和数据科学家们之前运用的数据在结构上差异很大。科学家们喜欢采用精巧的实验推导出一致的准确结果，回答精心设计的问题。但是，大数据是杂乱的数据集。典型的数据集通常会混杂很多事实和测量数据，数据搜集过程随意，并非出于科学研究的目的。因此，大数据集经常错漏百出、残缺不全，缺乏科学家们需要的信息。而这些错误和遗漏即便在单个数据集中也往往不一致。那是因为大数据集通常由许多小数据集融合而成。不可避免地，构成大数据集的一些小数据集比其他小数据集要可靠一些，同时每个小数据集都有各自的特性。Facebook 就是一个很好的例子。交友在 Facebook 中意味着截然不同的意思。有些人无节制地交友，有些人则对交友持谨慎的态度；有些人在 Facebook 中将同事加为好友，而有些人却不这么做。处理大数据的一部分工作就是熟悉数据，以便你能反推出产生这些数据的工程师们的想法。但是，我们和多达 1 拍字节的数据又能熟悉到什么程度呢？

第二个主要的挑战是，大数据和我们通常认为的科学方法并不完全吻合。科学家们想通过数据证实某个假设，将他们从数据中了解到的东西编织成具有因果关系的故事，并最终形成一个数学理论。当在大数据中探索时，你会不可避免地有一些发现，例如，公海的海盗出现率和气温之间的相关性。这种探索性研究有时被称为"无假设"研究，因为我们永远不知道会在数据中发现什么。但是，当需要按照因果关系来解释从数据中发现的相关性时，大数据便显得有些无能为力了。是海盗造成了全球变暖吗？是炎热的天气使更多的人从事海盗行为吗？如果二者是不相关的，那么近几年在全球变暖加剧的同时，海盗的数目为什么会持续增加呢？我们难以解释，而大数据往往能让我们去猜想这些事情中的因果链条。

当我们继续收集这些未做解释或未做充分解释的发现时，有人开始认为相关性正在威胁因果性的科学基石地位。甚至有人认为，大数据将导致理论的终结。这样的观点有些让人难以接受。现代科学最伟大的成就是在理论方面。譬如，爱因斯坦的广义相对论、达尔文的自然选择进化论等，理论可以通过看似简单的原理来解释复杂的现象。如果我们停止理论探索，那么我们将会忽视科学的核心意义。当我们有了数百万个发现而不能解释其中任何一个时，这意味着什么？这并不意味着我们应该放弃对事物的解释，而是意味着很多时候我们只是为了发现而发现。

第三个主要挑战是，数据产生和存储的地方发生了变化。作为科学家，我们习惯于通过在实验室中做实验得到数据，或者记录对自然界的观察数据。可以说，某种程度上，数据的获取是在科学家的控制之下的。但是，在大数据的世界里，大型企业甚至政府拥有着最大规模的数据集。而它们自己、消费者和公民们更关心的是如何使用数据。很少有人希望美国国家税务局将报税记录共享给那些科学家，虽然科学家们使用这些数据是出于善意。eBay 的商家不希望它们完整的交易数据被公开，或者让研究生随意使用。搜索引擎日志和电子邮件更是涉及个人隐私权和保密权。书和博客的作者则受到版权保护。各个公司对所控制的数据有着强烈的产权诉求，它们分析自己的数据是期望产生更多的收入和利润，而不愿意和外人共享其核心竞争力，学者和科学家更是如此。

出于所有这些原因，一些最强大的关于人类"自我知识"的数据资源基本未被使用过。尽管有关社会化网络的研究已经进行了几十年了，但几乎没有任何公开的研究是在 Facebook 上进行的，因为 Facebook 公司没有动力去分享它们的社会化网络数据。尽管市场经济理论已经有了几个世纪的历史，经济学家也无法访问主要在线市场的详细交易记录。尽管人类已经在绘制世界地图上努力了几千年，DigitalGlobe 等公司也拥有着地球表面的 50 厘米分辨率的卫星照片，但是这些地图数据从未被系统地研究过。我们发现，人们永无止境的学习欲望和探索欲望与这些数据之间的鸿沟大得惊人。这类似于数代天文学家们一直在探索遥远的恒星，却由于法律原因而不被允许研究太阳。

然而，只要知道太阳在那里，人们对它的研究欲望就不会消退。如今，全世界的人都在跳着一支支奇怪的"交际舞"。学者和科学家为了能够访问企业的数据，开始不断地接触工程师、产品经理甚至高级主管。有时候，最初的会谈很顺利——他们出去喝喝咖啡，随后事情就会按部就班地进行。一年后，一个新人加入进来。很不幸，这个人通常是律师。

如果要分析谷歌的图书馆，我们就必须找到应对上述挑战的方法。数字图书所面临的挑战并不是独特的，只是今天大数据生态系统的一个缩影。

资料来源：[美] 埃雷兹·艾登，[法] 让-巴蒂斯特·米歇尔. 可视化未来——数据透视下的人文大趋势. 王彤彤，等，译. 杭州：浙江人民出版社，2015.

阅读上文，请思考、分析并简单记录：

（1）"谷歌"的诞生最初源自于什么项目？如今，这个项目已经达到什么样的规模？这个规模经历了多长时间？对此，你有什么感想？

答：＿＿＿＿＿＿＿＿＿＿＿＿＿＿＿＿＿＿＿＿＿＿＿＿＿＿＿＿＿＿＿＿＿

＿＿＿＿＿＿＿＿＿＿＿＿＿＿＿＿＿＿＿＿＿＿＿＿＿＿＿＿＿＿＿＿＿＿＿

＿＿＿＿＿＿＿＿＿＿＿＿＿＿＿＿＿＿＿＿＿＿＿＿＿＿＿＿＿＿＿＿＿＿＿

（2）请在互联网上搜索"Google 图书"（谷歌图书），你能顺利打开这个网页吗？请记录，什么是"Google 图书"？

答：＿＿＿＿＿＿＿＿＿＿＿＿＿＿＿＿＿＿＿＿＿＿＿＿＿＿＿＿＿＿＿＿＿

＿＿＿＿＿＿＿＿＿＿＿＿＿＿＿＿＿＿＿＿＿＿＿＿＿＿＿＿＿＿＿＿＿＿＿

＿＿＿＿＿＿＿＿＿＿＿＿＿＿＿＿＿＿＿＿＿＿＿＿＿＿＿＿＿＿＿＿＿＿＿

（3）"数据越多，问题越多"，那么，我们面临的主要挑战是什么？

答：＿＿＿＿＿＿＿＿＿＿＿＿＿＿＿＿＿＿＿＿＿＿＿＿＿＿＿＿＿＿＿＿＿

＿＿＿＿＿＿＿＿＿＿＿＿＿＿＿＿＿＿＿＿＿＿＿＿＿＿＿＿＿＿＿＿＿＿＿

＿＿＿＿＿＿＿＿＿＿＿＿＿＿＿＿＿＿＿＿＿＿＿＿＿＿＿＿＿＿＿＿＿＿＿

（4）请简单描述你所知道的上一周发生的国际、国内或者身边的大事。

答：＿＿＿＿＿＿＿＿＿＿＿＿＿＿＿＿＿＿＿＿＿＿＿＿＿＿＿＿＿＿＿＿＿

＿＿＿＿＿＿＿＿＿＿＿＿＿＿＿＿＿＿＿＿＿＿＿＿＿＿＿＿＿＿＿＿＿＿＿

＿＿＿＿＿＿＿＿＿＿＿＿＿＿＿＿＿＿＿＿＿＿＿＿＿＿＿＿＿＿＿＿＿＿＿

＿＿＿＿＿＿＿＿＿＿＿＿＿＿＿＿＿＿＿＿＿＿＿＿＿＿＿＿＿＿＿＿＿＿＿

3.1 直方图：对比关系

直方图是一种统计报告图，是表示资料变化情况的主要工具。直方图由一系列高度不等的纵向条纹或线段表示数据分布的情况，一般用横轴表示数据类型，纵轴表示分布情况。做直方图的目的就是通过观察图的形状，判断生产过程是否稳定，预测生产过程的质量。

3.1.1 以零基线为起点

零基线，是以零作为标准参考点的一条线，在零基线的上方规定为正数，下方为负数，它相当于十字坐标轴中的水平轴。Excel 中的零基线通常是图表中数字的起点线，一般只展示正数部分。若是水平条形图，零基线与水平网格线平行；若是垂直条形图，则零基线与垂直网格线平行。

零基线在图表中的作用很重要。在绘图时，要注意零基线的线条要比其他网格线线条粗、颜色重。如果直条的数据点接近于零，那还需要将其数值标注出来。

实例 3-1：零基线为起点。

如图 3-3a 所示，数据起点是 2 000 元，从中可以读出每个部门的日常开支，而图 3-3b 的数据起点是 0，即把零基线作为起点。图 3-3a 的不足在于不便于对比每个直条的总价值，而且感觉人事部的开支是财务部的两倍还多，而事实上人事部的数据只比财务部多了 1 800 元。这种错误性的导向就是数据起点的设定不恰当造成的。

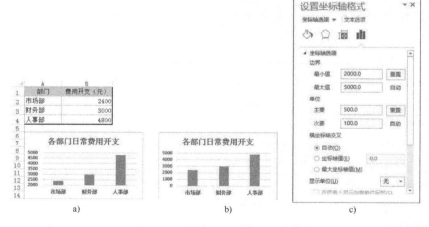

图 3-3 零基线为起点

步骤 1：绘制图表（见图 3-3a）。

步骤 2：右击图表左侧的坐标轴数据，在弹出的快捷菜单中选择"设置坐标轴格式"命令后，打开"设置坐标轴格式"对话框，在"坐标轴选项"选项组中，将"边界"组中的"最大值""最小值"和"单位"选项组中的"主要""次要"按如图 3-3c 所示设置，得到图 3-3a 所示结果。

此外，要看懂图表，必须先认识图例。图例是集中于图表一角或一侧的各种形状和颜色所代表内容与指标的说明。它具有双重任务，在编图时是图解表示图表内容的准绳，在用图时是必不可少的阅读指南。无论是阅读文字还是图表，人们习惯于从上至下地去阅读，这就要求信息的因果关系应明确。在图表中，这一点也必须有所体现。例如，在默认情况下图例都是在底部显示的，应该将图例放在图信息的上方，根据阅读习惯，自然而然地加快了阅读速度。

如果想删除多余标签，只显示部分的数据标签，可单击选中所有的数据标签，然后再双击需要删除的数据标签即可；或选中单独的某个标签，再按〈Delete〉键便可删除。

实验确认：□ 学生 □ 教师

3.1.2 垂直直条的宽度要大于条间距

在柱状图或条形图中，直条的宽度与相邻直条间的间隔决定了整个图表的视觉效果。即便表示的是同一内容，也会因为各直条的不同宽度及间隔而给人以不同的印象。如果直条的宽度小于条间距，则会形成一种空旷感，这样读者在阅读图表时注意力会集中在空白处，而不是数据系列上，在一定程度上会误导读者的阅读方式。

网格线的作用是方便读者在读图时进行值的参考，Excel 默认的网格线是灰色的，显示在数据系列的下方。如果把一个图表中必不可少的元素称为数据元素，其余的元素称为非数据元素，那么 Excel 中的网格线属于非数据元素，对于这类元素，应尽量减弱或者直接删除。例如，应该避免在水平条形图中使用网格线。

实例 3-2：直条的宽度。

如图 3-4 所示，两组图表中，图 3-4a 中直条宽度明显小于条间距，虽然能从中读出想要的数据结果，但其表达效果不如图 3-4b 中的图形。直条是用来测量零散数据的，如果其中的直条过窄，视线就会集中在直条之间不附带数据信息的留白空间上。因此，将直条宽度绘制在条间距的一倍以上两倍以下最为合适。

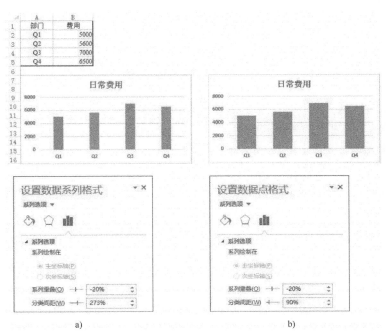

图 3-4　直条的宽度

步骤：双击图中直条形状，在打开的数据系列格式窗格的"系列选项"下设置"分类间距"的百分比大小。分类间距百分比越大，直条形状就越细，条间距就越大，所以将分类间距调为小于等于100%较为合适。

实验确认：□ 学生 □ 教师

3.1.3 慎用三维效果的柱形图

在大多数情况下，三维效果是为了体观立体感和真实感的。但是，这并不适用于柱状图，因为柱状图顶部的立体效果会让数据产生歧义，导致其失去正确的判断。

如果想用 3D 效果展示图表数据，可以选用圆锥图表类型，圆锥效果将圆锥的顶点指向数据，也就是在图表中每个圆锥的顶点与水平网格线只有一个交点，使指向的数据是唯一的、确定的。

在图表制作中，图表系列的颜色也很重要。例如使用相似的颜色填充柱形图中的多直条，使系列的颜色由亮至暗地进行过渡布局，这样，颜色鲜艳分明，得到的图表具有更强的说服力。因为在多直条种类中（一般保持在 4 种或 4 种以下），前者在同一性质（月份）下会使阅读更轻松，因为它们的颜色具有相似性，不会因为颜色繁多而眼花缭乱。

实例 3-3：柱形图的三维效果。

图 3-5a 中使用了三维效果展示各店一季度的销售额，细心的读者会疑惑直条的顶端与网格线相交的位置在哪里？也就是直条对应的数据到底是多少并不明确，这种错误在图表分析过程中是不可原谅的。所以切记不能将三维效果用在柱形图中，若要展示具有一定程度的立体感，可以选用不会产生歧义的阴影效果，例如图 3-5b 中的图表。

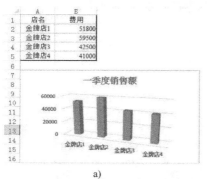

a)

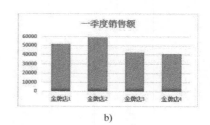

b)

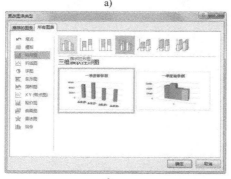

c)

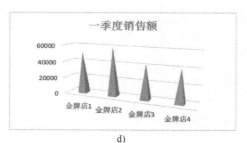

d)

图 3-5　柱形图的三维效果

步骤1：选中三维效果的图表，然后选择"图表工具"→"设计"→"类型"→"更改图表类型"命令，在弹出的图表类型中选择"簇状柱形图"，如图3-5c所示。

步骤2：如果想为图表设计立体感，可以先选中系列，在"格式"选项卡下设置形状效果为"阴影-内部-内部下方"，效果如图3-5b所示。

步骤3：如果需要制作三维效果的圆锥图，可以先制作成三维效果的柱状图，然后双击图表中的数据系列，打开数据系列格式窗格，在"系列选项"下有一组"柱体形状"，单击"完整圆锥"按钮，即可将图表类型设计为三维效果的圆锥状，如图3-5d所示。

实验确认：□ 学生 □ 教师

3.1.4 用堆积图表示百分数

柱形图按数据组织的类型分为簇状柱形图、堆积柱形图和百分比堆积柱形图。簇状柱形图用来比较各类别的数值大小；堆积柱形图用来显示单个项目与整体间的关系，比较各个类别的每个数值占总数值的大小；百分比堆积柱形图用来比较各个类别的每一数值占总数值的百分比。

实例3-4：百分比堆积柱形图。

见图3-6，图表中的数据所要表达的是4个月中某个新员工实际完成的工作量占目标工作量的百分数大小。图3-6a中单色直条所代表的100%数值完全就是画蛇添足，将其去掉反而会让图表更加简洁。如果想保留这一目标百分数，可以将"完成率"与"目标值"所代表的直条重合在一起，结果就是图3-6b中的效果。图3-6b中的图表从形式上加强了百分数的表达，特别是部分与整体的百分数效果更明确。

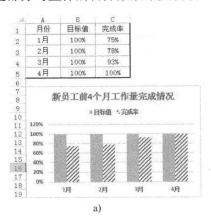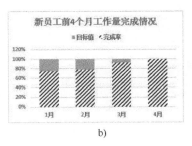

图3-6 百分比堆积柱形图

步骤1：根据图3-6a中表格的数据，绘制并调整，选中该系列上的数据标签，在"标签选项"下设置"标签位置"为"居中"，完成直方图效果如图3-6b所示。

步骤2：双击图表中"完成率"系列，在弹出的数据系列格式窗格中，设置"系列选项"下"系列重叠"值为"100%"，结果如图3-6b所示。

实验确认：□ 学生 □ 教师

3.2 折线图：按时间或类别显示趋势

折线图是用直线段将各数据点连接起来而组成的图形，以折线方式显示数据的变化趋势和对比关系。折线图可以显示随时间（根据常用比例设置）而变化的连续数据，因此非常适用于显示在相等时间间隔下数据的趋势。在折线图中，类别数据沿水平轴均匀分布，所有值数据沿垂直轴均匀分布。但是，图表中如果绘制的折线图折线线条过多，会导致数据难以分析。与柱状图一样，折线图中的线条数最好不要超过 4 条。

如果在图表中表达的产品数过多，则不适宜绘制在同一折线图中，这时，可以将每种产品各绘制成一种折线图，然后调整它们的 Y 轴坐标，使其刻度值保持一致。这样不仅可以直接对比不同的折线，还可以查看每种产品自身的销售情况。

3.2.1 减小 Y 轴刻度单位增强数据波动情况

在折线图中，可以显示数据点以表示单个数据值，也可以不显示这些数据点，而表示某类数据的趋势。如果有很多数据点且它们的显示顺序很重要时，折线图尤其有用。当有多个类别或数值是近似的，一般使用不带数据标签的折线图较为合适。

实例 3-5：减小 Y 轴刻度单位。

在图 3-7a 中的图表 Y 轴边界是以 0 为最小值、60 为最大值设置的边界刻度，并按 10 为主要刻度单位递增。而图 3-7b 中的图表 Y 轴是以 30 作为基准线，主要刻度单位按照 5 开始增加的。由于刻度值的不同使得左图中折线位置过于靠上，给人悬空感，并且折线的变化趋势不明显；而图 3-7b 中的折线占了图表的三分之二左右，既不拥挤也不空旷，同时也能反映出数据的变化情况。通过对比发现，在适当时候更改折线图中的起点刻度值可以让图表表现得更深刻。

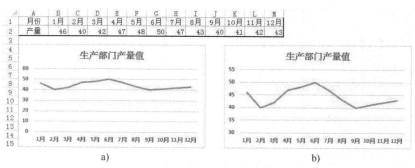

图 3-7 减小 Y 轴刻度单位

步骤 1：根据图 3-7 中的表格数据，绘制折线图如图 3-7a 所示。

步骤 2：单击 Y 轴坐标，打开坐标轴格式窗格，在"坐标轴选项"下输入边界最小值"30"，边界最大值"50"，然后输入主要单位值"5"，结果如图 3-7b 所示。

在折线图中，Y 轴表示的是数值，X 轴表示的是时间或有序类别。在对 Y 轴刻度进行优化后，还应该对 X 轴的一些特殊坐标轴进行编辑。例如常见的带年月的日期横坐标轴，如果是同年内一般只显示月份即可，如果是不同年份的数据点，就需要显示清楚哪年哪月。

图 3-8a 中的横坐标显得冗长，这时若将相同年份中的月份省略年数，显示就会轻松很多，可在数据源中重新编辑，重新制作的图表效果如图 3-8b 所示。对比两张图表，后者横轴的日期文本确实更清楚，一看就能明白月份属于何年。

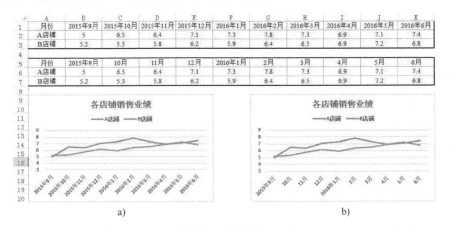

图 3-8　简化 X 轴的日期文本

3.2.2　突出显示折线图中的数据点

在图表中单击，进而在图表右侧单击出现的"图表元素"项，选择"数据标签"，可为图表加上数据标签，也可以单击出现的数据标签，选择删除个别不需要出现的数据标签。

除了数据标签能直接分辨出数据的转折点外，还有一个方法，就是在系列线的拐弯处用一些特殊形状标记出来，这样就可轻易分辨出每个数据点了。

虽然折线图和柱状图都能表示某个项目的趋势，但是柱状图更加注重直条本身长度，即直条所表示的值，所以一般都会将数据标签显示在直条上。而若在较多数据点的折线图中显示数据点的值，不但数据之间难以辨别所属系列，而且整个图表失去了美观性。只有在数据点相对较少时，显示数据标签才可取。

实例 3-6：显示数据点。

为了表示数据点的变化位置，需要特意将转折点标示出来。图 3-9 左图中用数据标签标注各转折点的位置，但并不直接，而且不同折线的数据标签容易重叠，使得数字难以辨认。而右图中在各转折点位置显示比折线线条更大、颜色更深的圆点形状，整个图表的数据点之间不仅容易分辨，而且图表也显得简单。除此之外，还特意将每条折线的最高点和最低点用数据标签显示出来。

步骤 1：双击图表中的任意系列打开数据系列格式窗格，在"系列选项"组中单击填充图标，然后切换至"标记"选项列表下，单击"数据标记选项"展开下拉列表，在展开的列表中选择"内置"单选按钮，再设置标记"类型"为圆形。同样在"标记"列表下，单击"填充"按钮展开列表，在列表中设置颜色为深蓝色。

步骤 2：选择图表中其他系列进行类似步骤 1 的设置。

步骤 3：在折线图中标记各数据点时，选择不同的形状可标记不同的效果。但是在设置

标记点的类型时有必要调整形状的大小，使其不至于太小难以分辨，也不至于形状过大削弱了折线本身的作用。系统默认的标记点"大小"为"5"，可单击数字微调按钮进行调整（例如将大小调整为10）。

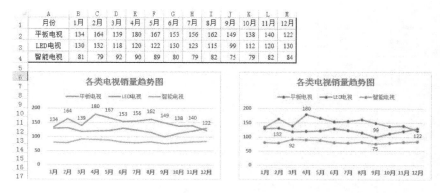

图 3-9　显示数据点

选择好标记数据点的形状类型后，根据折线的粗细调整形状大小，再为形状填充不同于折线本身的线条颜色加以强调。

实验确认：□ 学生　□ 教师

3.2.3　通过面积图显示数据总额

在折线图中添加面积图，属于组合图形中的一种。面积图又称区域图，它强调数量随时间而变化的程度，可引起人们对总值趋势的注意。例如，表示随时间而变化的利润的数据可以绘制在折线图中添加面积图以强调总利润。

实例 3-7： 面积图。

图 3-10a 中的折线图展示了 1 月份 A 产品不同单价的销售量差异情况，从图表中可看出这段时间的销售额波动不大；而图 3-10b 中的折线图＋面积图不仅显示了这段时间内销售量的差异情况，而且在折线下方有颜色的区域还强调了这段时间内销售总额的情况，即销售额等于横坐标值乘以纵坐标值。从对比结果中可发现，在分析利润额数据时，为折线图添加面积图会有一个更直接、更明确的效果。

步骤 1： 依据图 3-10 表格中的单价、销售额（一行）数据，绘制折线图如图 3-10a 所示。注意设置坐标轴标题、突出显示折线图中的数据点。

步骤 2： 增加一组与数据源中"销售额"一样的数据（见图 3-10 中表格），然后用两组一模一样的销售额数据和日期数据绘制折线图，两个系列完全重合，结果如图 3-10a 所示。选中图表，再选择"图表工具"→"设计"→"类型"→"更改图表类型"命令，在弹出的对话框中，系统默认在"组合"选项下，设置其中一个销售额系列为"带数据标记的折线图"，另一个销售额系列为"面积图"，如图 3-10b 所示。

步骤 3： 将添加的折线图改为面积图后，删除图例，双击图表中的面积区域，弹出数据系列格式窗格，在"系列选项"下单击"填充"按钮，然后在展开的下拉列表中为面积图选择一种浅色填充，并设置其"透明度"为"50%"，如图 3-10b 所示。

如果需要在同一图表中绘制多组折线，也同样可以参考上面的方法和样式进行设计制

作，但在操作过程中需要注意数据系列的叠放顺序问题。

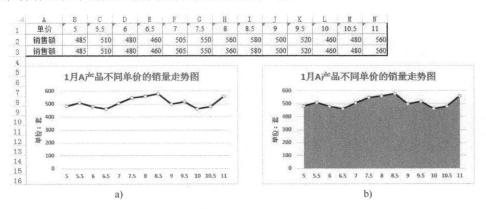

图 3-10　面积图

3.3　圆饼图：部分占总体的比例

圆饼图是用扇形面积，也就是圆心角的度数来表示数量。圆饼图主要用来表示组数不多的品质资料或间断性数量资料的内部构成，仅有一个要绘制的数据系列，要绘制的数值没有负值，要绘制的数值几乎没有零值，各类别分别代表整个圆饼图的一部分，各个部分需要标注百分比，且各部分百分比之和必须是 100%。圆饼图可以根据圆中各个扇形面积的大小，来判断某一部分在总体中所占比例的多少。

3.3.1　重视圆饼图扇区的位置排序

实例 3-8：圆饼图扇区。

在图 3-11a 中，数据是按降序排列的，所以圆饼图中切片的大小以顺时针方向逐渐减小。这其实不符合读者的阅读习惯。人们习惯从上至下地阅读，并且在圆饼图中，如果按规定的顺序显示数据，会让整个圆饼图在垂直方向上有种失衡的感觉，正确的阅读方式是从上往下阅读的同时还会对圆饼图左右两边切片大小进行比较。所以需要对数据源重新排序，使其呈现出如图 3-11b 中的效果。

步骤 1：为了让圆饼图的切片排列合理，需要将原始的表格数据重新排序，其排序结果如图 3-11b 所示，这样排序的目的是将切片大小合理地分配在圆饼图的左右两侧。

圆饼图的切片分布一般是将数据较大的两个扇区设置在水平方向的左右两侧。其实，除了通过更改数据源的排序顺序改变圆饼图切片的分布位置外，还可以对圆饼图切片进行旋转，使圆饼图的两个较大扇区分布在左右两侧。

步骤 2：双击圆饼图的任意扇区，打开"设置数据系列格式"对话框，在"系列选项"组中调整"第一扇区起始角度"为"240°"，即将原始的圆饼图第一个数据的切片按顺时针旋转 240° 后的结果。

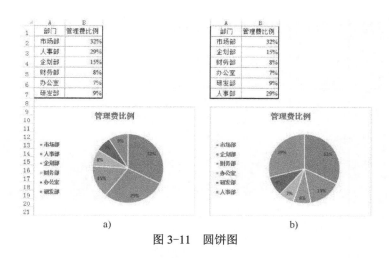

图 3-11　圆饼图

3.3.2　分离圆饼图扇区强调特殊数据

用颜色反差来强调需要关注的数据在很多图表中是较适用的，但是在圆饼图中，有一种更好的方式来表达，那就是将需要强调的扇区分离出来。

实例 3-9：分离圆饼图。

在图 3-12b 中，为了强调空调在一季度所有家电销售额中的占比情况，将空调所代表的扇区单独分离出来，这不但能抢夺读者的眼球，而且整个圆饼图在颜色的搭配上也不失彩，效果显得比图 3-12a 更好。

步骤 1：依据表格中的数据绘制圆饼图如图 3-12 左图所示。

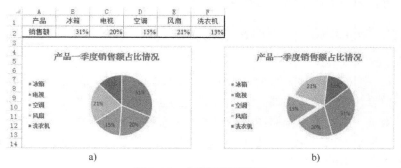

图 3-12　分离圆饼图扇区

步骤 2：双击圆饼图打开"设置数据系列格式"窗格，再单击需要被强调的扇区（系列为"空调"），然后在"系列选项"组下设置"点爆炸型"的百分比值为"22%"，即将选中的扇区单独分离出来。由于分离的扇区显示在图表下方，需要调整"第一扇区起始角度"值"53°"来改变扇区位置，使其显示在图表的左边区域，如图 3-12b 所示。

在圆饼图中，为了显示各部分的独立性，可以将圆饼图的每个部分独立分割开，这样的图表在形式上胜过没有被分开的扇区。

步骤 2：分割圆饼图中的每个扇区与单独分离某个扇区的原理是一样的，首先选中整个圆饼图，在"设置数据系列格式"对话框中，调整"系列选项"组中的"圆饼图分离程度"

百分比值为"8%"。

"圆饼图分离程度"值越大，扇区之间的空隙也就越大。注意，由于选取的是整个圆饼图，所以在"第一扇区起始角度"下方显示的是"圆饼图分离程度"；如果选中的是某个扇区，则"第一扇区起始角度"下方显示的就是"点爆炸型"。

实验确认：□ 学生 □ 教师

3.3.3 用半个圆饼图刻画半期内的数据

一个圆形无论从时间上还是空间上都给读者一种完整感，当圆形缺失某个角时，会让人产生"有些数据不存在"的直觉。在此基础上，可以对圆饼图进行升级处理，将表示半期内的数据用圆饼图的一半去展示，这样在时间上就会引导读者联想到后半期的数据。

常见的圆饼图有平面圆饼图、三维圆饼图、复合圆饼图、复合条圆饼图和圆环图，它们在表示数据时各有千秋。但无论对于哪种类型的圆饼图，它们都不适于表示数据系列较多的数据，数据点较多只会降低图表的可读性，不利于数据的分析与展示。

实例 3-10：半个圆饼图。

在图 3-13a 中，数据的表现形式是准确无误的，而图 3-13b 的整个圆饼图只显示了一半的效果，但是从三维效果中可以看出这个图形是完整的，其表示的数据之和与图 3-13a 中一致。而且正是因为图表只展示了一半效果，在图表意义上就比图 3-13a 更胜一筹。半个圆饼图表示公司上半年的销售额，比使用一个整体的圆饼图更有意义，这半个圆饼图不是数据只有一半，而是表示在一个完整的时期内的前半期数据。

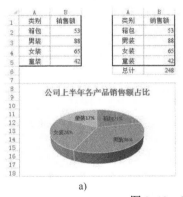 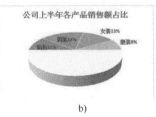

图 3-13 半个圆饼图

步骤 1：根据图 3-13 中左边表格的数据绘制圆饼图，如图 3-13a 所示。

步骤 2：将数据源中各类别的销售额汇总，如右边表格所示，在制作图表时，需要将"总计"项作为源数据。

步骤 3：选中圆饼图，打开"设置数据系列格式"对话框，在"系列选项"组下设置"第一扇区起始角度"值为"270°"，如图 3-13a 所示。然后单击图表中"总计"系列所在扇区，在窗格中选择"填充"组中的"纯色填充-白色"（或"无填充"）单选按钮，如图 3-13b 所示。

这样，在图表中不仅展示了公司上半年的销售额情况，还指出需要被关注的下半年的销售额。

实验确认：□ 学生 □ 教师

3.3.4 让多个圆饼图对象重叠展示对比关系

任何看似复杂的图形都是由简单的图表叠加、重组而成的。有时为了凸显信息的完整性，需要将分散的点聚集在一起，在图表的设计中也需要利用这一思想来优化图表，让图表在表达数据时更直接有效。

实例3-11：堆叠圆饼图。

在图3-14a中，用了3个独立的图表展示3个店的利润结构，如果将这3个店看作一个整体，这样分散的展示不方便读者进行对比。若将3个图表进行叠加组合在一起，如图3-14b所示，这样不仅能表示出整个公司是一个整体，还使各店之间形成一种强烈的对比关系，视觉效果和信息传递的有效性比图3-14a要强。所以在图表的展示过程中，不仅需要数据的清晰表达，还需要在形式上做到"精益求精"。

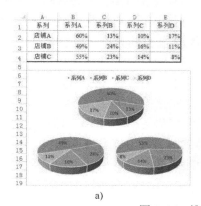
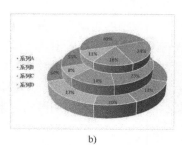

图3-14　堆叠圆饼图

步骤1：依据图3-14中的数据表格分别绘制3个店的圆饼图，图表区设置为"无填充"和"无线条"样式，如图3-14a所示。

步骤2：打开"设置数据点格式"对话框，设置每个圆饼图中第一扇区起始角度值，使3个圆饼图的"系列A"所表示的扇区显示在图表的里边。再缩放店铺B和店铺C图表到合适比例，然后依次层叠地放置在圆饼图上。

步骤3：将3个圆饼图重叠在一起后（按〈Ctrl〉选择3个圆饼图），选择"图表工具"→"格式"→"排列"→"组合"选项，结果如图3-14b所示。

实验确认：□ 学生 □ 教师

3.4 散点图：表示分布状态

在回归分析中，散点图是数据点在直角坐标系平面上的分布图，通常用于比较跨类别的聚合数据。散点图中包含的数据越多，比较的效果就越好。

散点图通常用于显示和比较数值，如科学数据、统计数据和工程数据。当不考虑时间的情况而比较大量数据点时，散点图就是最好的选择。散点图中包含的数据越多，比较的效果就越好。在默认情况下，散点图以圆点显示数据点。如果在散点图中有多个序列，可考虑将每个点的标记形状更改为方形、三角形、菱形或其他形状。

3.4.1　用平滑线联系散点图增强图形效果

实例3-12：平滑线联系散点图。

图3-15a是普通的散点图，数据点的分布展示了不同年龄段的月均网购金额，从图表中可以分析出月均网购金额较高的人群主要集中30岁左右；但是对比图3-15b，发现在连续的年龄段上，左图中的数据较密的点不容易区分，而图3-15b中将所有数据点通过年龄的增加联系起来，不但表示了数据本身的分布情况，还表示了数据的连续性。用带平滑线和数据标记的散点图来表示这样的数据比普通的散点效果更好。

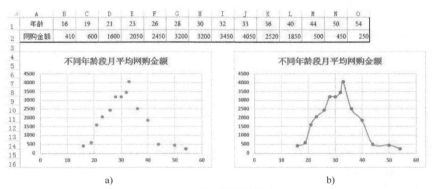

图3-15　平滑线联系散点图

步骤1：依据图3-15中表格的数据绘制散点图如图3-15a所示。

步骤2：选中图表，选择"图表工具"→"设计"→"类型"→"更改图表类型"命令，然后在弹出的对话框中，单击XY散点图中的"带平滑线和数据标记的散点图"即可。

步骤3：更改图表类型后，单击图表中的数据系列，在数据系列窗格中，单击填充图标下的"标记"按钮，然后将线条颜色改为与标记点相同的深蓝色，如图3-15b所示。

实验确认：□ 学生 □ 教师

3.4.2　将直角坐标改为象限坐标凸显分布效果

气泡图与XY散点图类似，不同之处在于，XY散点图对成组的两个数值进行比较；而气泡图允许在图表中额外加入一个表示大小的变量，所以气泡图是对成组的3个数值进行比较，且第3个数值确定气泡数据点的大小。

制作气泡图一般是为了查看被研究数据的分布情况，所以在设计气泡图时，运用数学中的象限坐标来体现数据的分布情况是最直接的效果。这时图表被划分的象限虽然表示了数据的大小，但不一定出现负数，这需要根据实际被研究数据本身的范围来确定。

实例3-13：象限坐标。

对比图3-16a和图b可以发现，前者虽然能看出每个气泡（地区）的完成率和利润率，但是没有后者的效果明显，因为在"设置后"中将完成率和利润率划了4个范围（4个象限），通过每个象限出现的气泡判断各地区的项目进度和利润情况，而且根据气泡所在象限位置地区之间的对比也更加明显。另外，在图3-16b中气泡上显示了地区名称，这一点在图3-16a中没有体现出来。

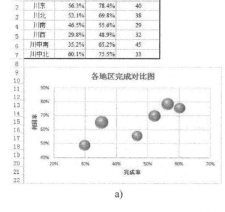

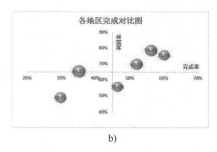

图 3-16　象限坐标

步骤 1：选定数据区域中的任意单元格，插入散点图中的气泡图，如图 3-16a 所示。

步骤 2：打开"选择数据源"对话框，单击对话框中的"编辑"按钮，在"编辑数据系列"对话框中设置各项内容，如图 3-17 所示。

图 3-17　"编辑数据系列"对话框

步骤 3：双击纵坐标轴，在坐标轴格式对话框中，单击"坐标轴选项"，在展开的列表中选择"横坐标轴交叉"组中的"坐标轴值"单选按钮，并在右侧的文本框中输入"0.65"；单击图表中的横坐标，设置"纵坐标轴交叉"组中的"坐标轴值"为"0.45"。

步骤 4：选中图表中的气泡右击，在弹出的快捷菜单中选择"添加数据标签"，然后右击标签，再在弹出的快捷菜单中选择"设置数据标签格式"命令，在弹出的数据标签对话框中，取消选择"标签包括"组中的"Y 值"，重新选择"单元格中的值"复选框，并在弹出的对话框中选择表格中的"地区"列，如图 3-16 中的表格所示，这一操作是将地区名称显示出来，然后设置"标签位置"为"居中"方式，效果如图 3-16b 所示。

实验确认：□ 学生　□ 教师

3.5　侧重点不同的特殊图表

除了直方图、折线图、圆饼图、散点图等传统数据分析图表外，还有一些特殊的数据图表可用于不同的数据分析和可视化要求，例如子弹图、温度计、漏斗图、滑珠图等。

3.5.1　用子弹图显示数据的优劣

在 Excel 中做子弹图，能清晰地看到计划与实际完成情况的对比，常常用于销售、营销分析、财务分析等。用子弹图表示数据，使数据间相互的比较变得十分容易，同时读者也可以快速地判断数据和目标及优劣的关系。为了便于对比，子弹图的显示通常采用百分比而不是绝对值。

实例3-14：子弹图。

图 3-18 中，图 d 是一张子弹图，看似复杂的样式却隐藏了更多的信息。如果读者清楚子弹图的表达意义，就能很快地从图 d 中分析出每月的销售额完成情况与目标值的差异，还能看出每月销售额的优劣等级。图 d 实现其实就是通过填充不同颜色来实现的，再辅助使用系列选项的分类间隔。

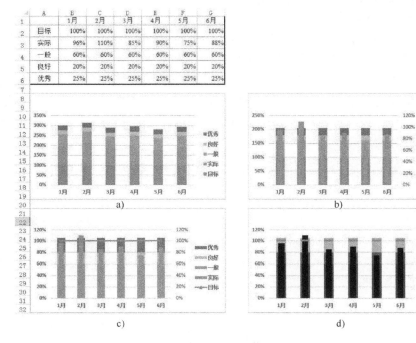

图 3-18　子弹图

步骤 1：图 3-18 的表格数据中的"一般""良好""优秀" 3 行数据主要是根据需要显示的堆积柱形图的直条长度而设定输入的。选取单元格区域 A1:G6，插入堆积柱形图，结果如图 3-18a 所示。

步骤 2：双击图表中的"实际"系列，在数据系列格式对话框中的"系列选项"下选择"次坐标轴"，并设置"分类间距"值为"300%"，此时图表的样式如图 3-18b 所示。

步骤 3：打开"更改图表类型"对话框，设置"目标"系列的图表类型为"带直线和数据标记的散点图"。此操作是让目标数据以数据标记的形式显示出来，与其他系列的柱形加以区别，如图 3-18c 所示。

步骤 4：删除次要坐标轴，然后选中带数据标记的散点图，在数据系列格式对话框中，选择"填充图标"→"标记"→"数据标记选项"选项，然后设置标记的"类型"（短横）和"大小"（15）。回到图表中，分别将数据系列"一般""良好""优秀""实际"由深至浅地填充颜色，得到图 3-18d 所示的效果。最后对图表进行深度优化，如标题名称、字体样式等。

实验确认：□ 学生　□ 教师

3.5.2 用温度计展示工作进度

温度计式的 Excel 图表比较形象地动态显示了某项工作完成的百分比，指示出工作的进度或某些数据的增长。这种图表就像一个温度计一样，会根据数据的改动随时发生直观的变化。要实现这样一个图表效果，关键是用一个单一的单元格（包含百分比值）作为一个数据系列，再对图表区和柱形条填充具有对比效果的颜色。

实例 3-15：温度计图。

图 3-19 中的图 a 和图 b 都反映了半个月内员工的工作进度，图 b 中以员工实际拜访客户数作为纵坐标值，将"目前总数"和"目标数"用两个柱形表示；而图 a 中用实际拜访的客户数除以目标数的百分比作为纵坐标值，在图表中只展示"达成率"这个值。表格中的"达成率"是一个动态的数值，当数据逐渐录入完成后，"达成率"也就越来越接近 100%，图表中的红色区域也就逐渐掩盖黑色区域，像一个温度计达到最高温度那样。用温度计似的图表来表示这样的动态数据很实用。

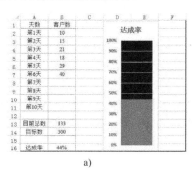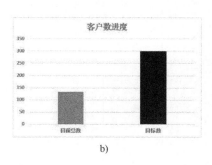

图 3-19　温度计图

步骤 1：在工作表中选择单个单元格 B18，插入簇状柱形图，结果如图 3-20a 所示。

步骤 2：选中图表，在"图表工具"→"格式"选项卡下的"大小"组中设置图表的高度为"9.74 厘米"，宽度为"4.04 厘米"，再删除横坐标轴，图表样式变为图 3-20b 所示。

步骤 3：选中图表中的柱形，在数据系列格式对话框中的"系列选项"下设置"分类间距"为"0"（系列重叠为-27%）。再单击纵坐标轴，对话框内容切换至"设置坐标轴格式"下，在"坐标轴选项"组中设置边界"最大值"为 1.0，"主要"刻度单位为 0.1。设置完坐标轴选项后图表样式变为图 3-20c 所示。

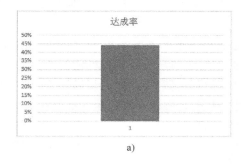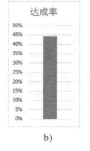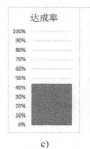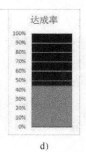

图 3-20　温度计图绘制过程

步骤 4：选中图表中的数据系列，在数据系列格式对话框中设置"纯色填充"，并使用红色。再选中图表中的绘图区，并设置为"纯色填充"，选用黑色，效果如图 3-20d 所示。

实验确认：☐ 学生 ☐ 教师

3.5.3 用漏斗图进行业务流程的差异分析

漏斗图是元分析的有用工具，适用于业务流程比较规范、周期长、环节多的流程分析。通过漏斗各环节业务数据的比较，能够直观地发现和说明问题所在。在 Excel 中绘制漏斗图需要借助堆积条形图来实现。

实例 3-16：漏斗图。

在图 3-21 中，图 a（客户数）是默认的簇状条形图，用绝对值表示直条的大小，其排列形式像反着的阶梯。而图 3-21e 是经过复杂的操作步骤后，让直条像漏斗一样显示在图表区域，横轴用绝对值表示，而纵轴用数据标签模拟每个直条的百分比表示，是一个关于刻度值为 500 的直线对称的图形。漏斗代表的意义就是数量逐渐减少的过程，这正符合了图表表达的业务流程，直观地说明了数据减少的环节所在。

步骤 1：图 3-21 中的数据表格，其中的"辅助值"和"百分比"都是根据 B 列的值计算而得来的。在 C2 单元格中输入公式"= (B2 − B2) / 2"，在 D2 单元格中输入公式"= B2 / B2"，然后填充 C、D 列数据区域的空白单元格。

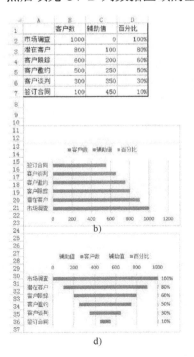

图 3-21　漏斗图

步骤 2：根据数据源插入堆积条形图，图表如图 3-21a 所示。

步骤 3：修改 Y 轴坐标轴为"逆序类别"，并设置水平轴的最大刻度为"1000.0"。

步骤 4：打开"选择数据源"对话框，选中"图例项"下方列表中的"辅助值"，再单击"上移"按钮，该步骤是重新排列图表中系列的位置。

步骤 5：继续单击对话框中的"添加"按钮，在弹出的"编辑数据系列"对话框中，添加列表中已有的"辅助值"系列。当返回到"选择数据源"对话框中时，重新调整新添加的"辅助值"系列的位置，即将它上移至"客户数"与"百分比"之间。

步骤 6：经过前几步的调整后图表样式变为图 3-21b 所示的结果。选中图表中的"百分比"系列值，由于其代表的是百分数，所以在图表中不容易识别出来，将百分比的标签显示在"轴内侧"，这样操作其实就是模拟 Y 轴次要坐标。

步骤 7：将两个"辅助值"和"百分比"系列所代表的直条的填充效果设置为"无填充"，这样漏斗就基本成形，如图 3-21d 所示。然后取消图例的显示，并将蓝色的直条颜色改为蓝-灰色样式，如图 3-21c 所示。最后对图表中的文字内容设置字体格式，便得到图 3-21e 的效果。

实验确认：□ 学生 □ 教师

【实验与思考】熟悉 Excel 数据图表的分析作用

1．实验目的

（1）理解和熟悉直方图、折线图、圆饼图、散点图等不同的数据图表的数据分析作用。

（2）通过对课文中实例的实验操作，掌握 Excel 数据分析和数据可视化的方法技巧。

（3）体验和掌握大数据可视化分析的应用操作。

2．工具/准备工作

在开始本实验之前，请认真阅读课程的相关内容。

需要准备一台安装有 Microsoft Excel（例如 2013 版）应用软件的计算机。

3．实验内容与步骤

请仔细阅读本章的课文内容，对其中的各个实例实施具体操作实现，从中体验 Excel 数据统计分析与可视化方法。

注意：完成每个实例操作后，在对应的"实验确认"栏中打钩（√），并请实验指导老师指导并确认。

请问：你是否完成了上述各个实例的实验操作？如果不能顺利完成，请分析可能的原因是什么？

答：_____

_____

_____

_____

_____

4. 实验总结

5. 实验评价（教师）

第4章 数据引导可视化设计

【导读案例】拿破仑东征莫斯科及撤退

Charles Joseph Minard（1781—1870），法国工程师，他一生的大部分时间都贡献给了水坝、运河和桥梁的工程建造和教育事业。直到 1851 年退休，才转入了他钟爱的个人事业：数据信息图形的绘制，那时他已 70 岁高龄。在他生命的最后 20 年，Minard 创造了可视化历史的一个传奇。今天，他被誉为可视化黄金时代的大师。

Minard 的最大成就是这幅出版于 1869 年的流地图（flow map）作品：拿破仑 1812 年远征图（见图 4-1）。这幅图被后世学者称为"有史以来最好的统计图表"。

图 4-1 描述了拿破仑的军队从波兰和俄国交界处东征莫斯科以及之后的撤退。其经典之处在于在一张简单的二维图上，表现了丰富的信息，包括法军部队的规模、地理坐标、法军前进和撤退的方向、法军抵达某处的时间以及撤退路上的温度。这张图对于 1812 年的战争态势提供了全面的、强烈的视觉表现，例如，撤退路上在别列津河的重大损失，严寒对法军损失的影响等，这种视觉的表现力即使历史学家的文字也难以比拟。

大多数看到这幅地图的人都不需要询问就可以看出地图中线条的粗细代表军队中的士兵数，灰色表示进军而黑色表示撤退，我们可以清楚地看到，44 万士兵跟随拿破仑出征，但是最终只有 1 万人幸存下来。军队横渡 Berezina 河时河面的冰层还不够结实，导致士兵数量急剧减少。我们可以从这幅地图中获得关于这次东征的大量信息，即使不再看这幅地图，它的重要特点也将在很长一段时间后仍停留在我们的脑海里。伟大的历史事件催生了伟大的作品。

图 4-2 表现的是拿破仑皇帝统帅的法国军队在 1812—1813 年对俄国的入侵。这场战争以法国军队的惨败而告终，侵入俄国的 42 万人最终生还者仅仅数万。造成法军损失惨重的原因，除了俄罗斯人的顽强抵抗，还有恶劣的自然条件，特别是 1812 年冬季的严寒。

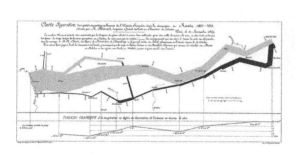

图 4-1 Minard 地图描述了拿破仑东征莫斯科及撤退的情况

图 4-2 严寒中撤退的法军

当然，大师的成就绝非灵光一现的结果。作为可视化领域的先驱者之一，Minard 发展了多种图形形式来表现数据信息。下面，我们来回顾一下工程师 Minard 作为制图者的成就。

即使在其工程师的岁月中，Minard 即表现出了对于数据可视化的爱好和天赋。在 1840 年关于罗纳河上桥梁倒塌的事故报告中，Minard 就绘制了一幅表现桥梁倒塌前后的位置图形，形象地解释了桥梁倒塌的原因（见图 4-3）。

在 1844 年，Minard 绘制了一幅名为"Tableau Graphique"的图形，显示了运输货物和人员的不同成本。在这幅图中，他创新地使用了分块的条形图（见图 4-4），条形块图的宽度对应路程，高度对应旅客或货物种类的比例。这幅图是当代马赛克图的先驱。

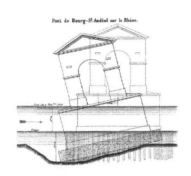

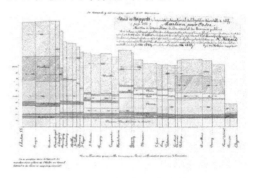

图 4-3　桥梁倒塌的原因　　　　　　　　　　图 4-4　第一幅马赛克图

很快，Minard 认识到基于地理的量化信息更适合表现在地图上。他创造了流地图这一表达方式。代表作品如反映美国内战对欧洲棉花贸易的影响（见图 4-5，1856—1865）和法国的酒类出口情况（见图 4-6，1864）。

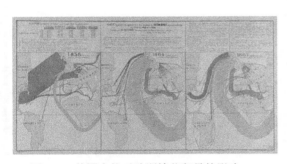

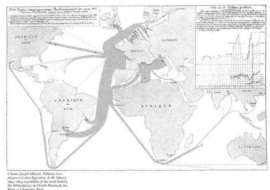

图 4-5　美国内战对欧洲棉花贸易的影响　　　图 4-6　法国酒类的出口

他在主题地图上的另一个创新是把饼图添加到地图上，如这幅法国各地向巴黎输送牲畜产品的地图（见图 4-7，1858）。

Minard 利用他作为工程师的成就和绘制可视化图形的能力影响了 1850 年来法国的公用事业建设的计划编制。如在 1865 年，巴黎计划建造一座中心邮局，Minard 采用人口比例图形给出了自己的设计方案。

Minard 共绘制了 51 幅各种形式的可视化图形，他在高龄依然表现出不凡的创造力，实在是一个传奇。

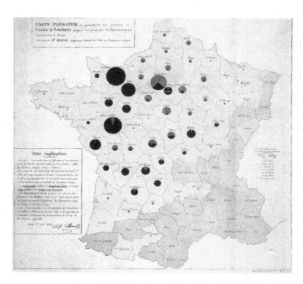

图4-7　向巴黎输送牲畜的情况（1858）

阅读上文，请思考、分析并简单记录。

（1）请仔细阅读图 4-1，分析地图所表示的内涵。并结合网络资料搜索阅读，进一步了解拿破仑东征莫斯科及其惨败的原因。请谈谈你对这场战争的认识，谈谈你对这幅地图的认识。

答：＿＿

＿＿

＿＿

＿＿

（2）在可视化图形领域，高龄的法国工程师 Minard 却有了丰富的建树，你觉得，是什么造就了他的成就？

答：＿＿

＿＿

＿＿

（3）请通过网络搜索和学习，了解什么是"工程素质"，并请记录。

答：＿＿＿

＿＿

＿＿

（4）请简单记述你所知道的上一周发生的国际、国内或者身边的大事。

答：＿＿＿

＿＿

＿＿

＿＿

4.1 可视化对认知的帮助

可视化已不仅仅是一种工具，它更多的是一种媒介：探索、展示和表达数据含义的一种方法。可视化不是将相互独立的部分分割开，而是把可视化看作是连续的、从统计图形延伸到数字艺术的一个连续谱图。由于统计学、设计和美学的综合运用，才产生了许多优秀的数据可视化作品。

4.1.1 科学可视化

科学可视化（Scientific Visualization）是一个跨学科的研究与应用领域，主要关注的是三维现象的可视化，如建筑学、气象学、医学或生物学方面的各种系统。重点在于对体、面以及光源等的逼真渲染，甚至还包括某种动态（时间）成分。科学可视化侧重于利用计算机图形学来创建视觉图像，从而帮助人们理解那些采取错综复杂而又往往规模庞大的数字呈现形式的科学概念或结果。

对于科学可视化来说，三维是必要的，因为典型问题涉及连续的变量、体积和表面积（内/外、左/右和上/下）（见图4-8）。然而，对于信息可视化来说，典型问题包含更多的分类变量和股票价格、医疗记录或社会关系之类数据中模式、趋势、聚类、异类和空白的发现。

人的眼睛是人们感知世界的最主要途径，因此，数据可视化提供了一种感性的认知方式，是提高人们感知能力的重要途径。可视化可以扩大

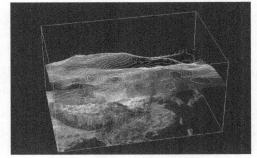

图4-8　500hPa高度场的三维显示

人们的感知，增加人们对海量数据分析的一系列的想法和分析经验，从而对人们感知和学习提供参考或者帮助。

4.1.2 七个数据类型

按任务分类，基本数据类型有一维、二维、三维或多维的，接着是3种结构化更强的数据类型：时态的、树的和网络的。这种简化有助于描述已被开发的可视化和表示用户所遇到的问题类别的特征。例如，对于时态数据，用户处理事件和间隔，他们的问题关心的是之前、之后或之中。对于树结构数据，用户处理内部节点上的标签和叶节点的值。他们的问题是关于路径、级次和子树的。

（1）1D 线性数据。一维的线性数据类型包括程序源代码、文本文档、字典和按字母顺序的名字列表，所有这一切均能按顺序方式组织。对程序源代码来说，1 个像素/字符的大量压缩产生单个显示器上有数以万计源程序代码行的紧凑显示。属性，诸如最近修改日期或作者名，可能被用于颜色编码。界面设计问题包括使用什么颜色、大小和布局以及给用户提供什么概览、滚动或选择方法。用户任务可能是查找条目的数量、查看有某些属性（例如，从先前版本以来被改变的程序行）的条目。

（2）2D 地图数据。平面数据包括地理图、平面布置图和报纸版面。集合中的每个条目

覆盖整个区域的某个部分，每个条目都有任务域属性（如名字、所有者和值）和界面域特征（如形状、大小、颜色和不透明度）如图 4-9 所示的 2016 年英国脱欧公投各地的投票率，颜色越深的投票率越高，红圈所在是英国的主要城市。这个图说明：小地方的投票意愿比精英所在的大城市强烈。

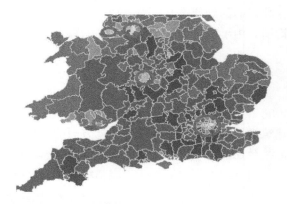

图 4-9　可视化技术呈现的 2016 年英国公投脱欧

很多系统采用多层方法来处理地图数据，但每层都是二维的。用户任务包括查找邻近条目、包含某些条目的区域和两个条目之间的路径，以及执行基本任务，例如地理信息系统就是一个庞大的研究和商用领域，如 QQ 同时在线人数。

（3）**3D 世界数据。** 现实世界的对象，如分子、人体和建筑物，具有体积和与其他条目的复杂关系。计算机辅助的医学影像、建筑制图、机械设计、化学结构建模和科学仿真被构建来处理这些复杂的三维关系。用户的任务通常处理连续变量，诸如温度或密度。结果经常被表示为体积和表面积，用户关注左/右、上/下和内/外的关系。在三维应用程序中，当观察对象时，用户必须处理察看对象时它们的位置和方向，必须处理遮挡与导航的潜在问题（见图 4-10）。

图 4-10　3D 世界的信息可视化

使用增强的三维技术的解决方案，如概览、地标、远距传物、多视图和有形用户界面，正在进入研究原型和商业系统中。例如，帮助医生计划手术的声波图医学影像和使购房者了解将要建成的房屋。一些虚拟环境研究人员和商业图表制作者已经寻求用三维结构呈现信息，但这些设计似乎需要更多的导航步骤且使结果更难以解释。

除了 1D 线性数据、2D 地图数据和 3D 世界数据之外，还有多维数据、时态数据、树数据、网络数据等数据类型。

4.1.3　七个基本任务

分析数据可视化的第二个框架包含用户通常执行的 7 个基本任务。

（1）概览任务。用户能够获得整个集合的概览。概览策略包括每个数据类型的缩小视图，这种视图允许用户查看整个集合，加上邻接的细节视图。概览可能包含可移动的视图域框，用户用它来控制细节视图的内容，允许缩放因子在 3～30 之间。重复有中间视图的这种策略使用户能够达到更大的缩放因子。另一种流行的方法是鱼眼策略，即变形放大一个或更多的显示区域，但几何缩放因子必须被限制在 5 左右，或针对可使用的上下文使用不同的表示等级。规定适当的概览策略是评价此类界面的有用的标准。

（2）缩放任务。用户能够放大感兴趣的条目。用户通常对集合中的某个部分感兴趣，他们需要工具使他们能够控制缩放焦点和缩放因子。平滑的缩放有助于用户保持他们的位置感和上下文。用户能够通过移动缩放条控件或通过调整视图域框的大小一次在一个维度上缩放。缩放在针对小显示器的应用程序中特别重要。

（3）过滤任务。用户能够滤掉不感兴趣的条目。当用户控制显示的内容时，他们能够通过去除不想要的条目而快速集中他们的兴趣。通过滑块或按钮能快速执行显示更新，允许用户跨显示器动态突出显示感兴趣的条目。

（4）按需细化任务。用户能够选择一个条目或一个组来获得细节。通常的方法是仅在条目上单击，然后在单独或弹出的窗口中查看细节。按需细化窗口可能包含更多信息的链接。

（5）关联任务。用户能够关联集合内的条目或组。与文本显示相比，视觉显示的吸引力在于它们利用人类处理视觉信息的感知能力。在视觉显示之内，有机会按接近性、包容性、连线或颜色编码来显示关系。突出显示技术能够被用于引起对有数千条目的域中某些条目的注意。指向视觉显示能够允许快速选择，且反馈是明显的。当用户在视觉显示上执行动作时，眼、手、脑似乎流畅、快速地工作。用户也许还想把多种可视化技术结合在一起，这些技术是紧耦合的，以至于一个视图中的动作会触发其他所有耦合视图的立即改变。

（6）历史任务。用户能够保存动作历史以支持撤销、回放和逐步细化。信息探索是一个有很多步骤的过程，所以保存动作的历史并允许用户追溯其步骤是重要的。

（7）提取任务。用户能够允许子集和查询参数的提取。一旦用户获得了他们想要的条目或条目集合，对他们有用的是，他们能够提取该集合并保存它、通过电子邮件发送它或把它插入统计或呈现的软件包中。

4.2　新的数据研究方法

今天使用的许多传统图表，如折线图、条形图和饼图等都是苏格兰工程师、经济学家威廉姆·普莱菲尔发明的。他在 1786 年出版的《商业和政治图解》一书中，用 44 个图表记录了 1700—1782 年英国的贸易和债务，展示出这段时期的商业事件。这些手工绘制在纸上的图表是对当时通行表格的重大改进。

直到 20 世纪 70 年代，约翰·图基在 1977 年出版了其开创性的著作《探索性数据分

析》，他在书中描述了如何用钢笔而不是铅笔加深线条的颜色。

技术的进步也让数据的量和可用性得到了极大的改善，这反过来给了人们以新的可视化素材，以及新的工作和研究领域。没有数据，就没有可视化。世界银行以易于下载的方式提供了有关美国的全国性数据，可帮助用户了解整个世界的发展状况。利用这些数据研究历年来各国人口的平均寿命，图 4-11（交互图）显示出大多数地区的平均寿命总体在增加（2009年全球平均预期寿命为 67 岁）；其中的大回落表示某些地区发生了战争和冲突。平均寿命图是调整过的多重时序图，是数据让它变得有意义了。但在互联网时代之前，这些数据即使存在也很难收集。

斯蒂芬·冯·沃利用一份现成的、逗号分隔的文档算出了美国本土 48 个州中任何一个地点到最近麦当劳的距离，并在地图上标注了出来。如图 4-12 所示，一个区域的颜色越亮，就意味着越能尽快吃到巨无霸。

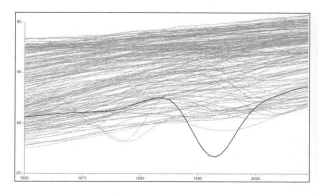

图 4-11　世界各地平均寿命（http:///datafl.ws/24w）　　　　图 4-12　到麦当劳的距离（2010）

从太空这一个更广阔的视角来看 NASA（美国国家航空航天局）使用卫星数据监视地球上的活动。例如，图 4-13 是显示水循环构成动画中的一幅快照，包括蒸发、水蒸气上升和降水的过程。根据这些数据建立的大气模型可以让人们看到地球历史中的重大变化。

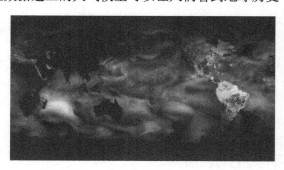

图 4-13　水循环平面图（NASA 戈达德航天飞行中心绘制）

图 4-14 所示"永恒的海洋"同样由 NASA 绘制，它使用了类似的数据和模型来评估洋流。这是多么神奇！大量的数据使这一切成为可能。当然，不断增长的新数据类型需要比纸笔更强大的新工具来帮助探索研究。

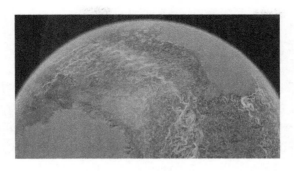

图 4-14　永恒的海洋（NASA 戈达德航天飞行中心绘制）

　　计算机的引入改变了人们分析和研究数据的方式。借助计算机，人们可以在数秒内制作出许多图表，从多个角度查看数据以及筛选出更复杂的数据集。现在人们也拥有了更多的数据研究工具。例如，微软的 Excel 仍是许多人首选的办公软件，它可以完成许多工作，但人们想要使用的方法以及想要研究的深度都正在发生改变。

4.3　信息图形和展示

　　研究数据时，你会形成自己的见解，因此没有必要向自己解释这些数据的有趣之处。但当观众不仅仅是自己时，就必须提供数据的背景信息。通常这并不是指要为图表配上详尽的长篇大论的文章或论文，而是精心配上标签、标题和文字，让读者为即将见到的东西做好准备。可视化本身——形状、颜色和大小，代表了数据，而文字则可以让图形更易读懂。注意，排版、背景信息和合理的布局也可以为原始统计数据增加一层信息。

　　通俗地说，可视化设计的目的是"让数据说话"，这意味着将数据或信息可视化。作为一种媒介，可视化已经发展成为一种很好的故事讲述方式。新闻机构正学着在其领域内使用可视化这种媒介。例如，2010 年 4 月，墨西哥湾的"深水地平线"石油钻井平台爆炸，导致近 4 亿升石油泄漏到大海中（见图 4-15），《纽约时报》持续 3 个月对此进行了全面的报道。它为原油泄漏如何结束、造成了什么影响以及为什么会发生泄漏提供了背景介绍。现在，距离这一事故的发生已经有很长时间了，回首这一系列的互动报道，其中的图表仍能传递丰富的信息，而且在未来数年中仍是如此。这些图并不华丽，它显示出不需要过多花哨的功能也可以吸引人们的目光。这同样也适用于数据，有价值的数据让图表值得一看。它传递了数据的故事。

图 4-15　墨西哥湾"深水地平线"石油钻井平台爆炸

4.4 走进数据艺术的世界

数据的艺术性由那些分析和信息图形常有的数字特征组成,更多是为了让人们去体验那些让人感觉冰冷而陌生的数据。2012 年,在距离伦敦奥运会开幕还有几个月的时候,艺术家格约拉和穆罕穆德·阿克坦在"形态"(Forms)图中将原本就很美的竞技运动演绎成衍生动画(见图 4-16)。小视频中播放一位运动员,如体操运动员或跳水运动员的腾空和翻转动作,大视频里同时生成由颗粒、枝条和长杆组成的图形,相应地移动。移动伴随有声音,让计算机生成的图形看起来更加真实。

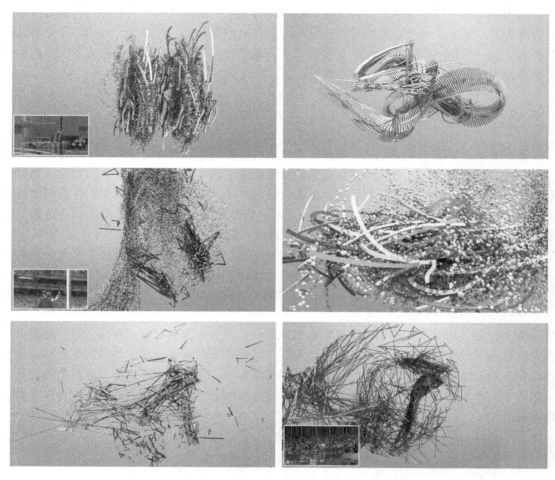

图 4-16 "形态"图(穆罕默德·阿克坦和格约拉)

虽然这些作品是用于艺术展或装饰墙壁的,但很容易看出它们对一些人的用处。例如,运动员和教练可能对完美的动作感兴趣,而视觉跟踪可以帮助他们更容易看到运动模式。"形态"可能不如动作捕捉软件回放动作那样直观,但机制是类似的。

这让人们再次开始思考"数据艺术是什么",或者是更重要的问题——可视化是什么。可视化是一种应用广泛的媒介。在某一范围内有不同类型的可视化,但它们并没有明确清晰的界限（也没有必要）。可视化作品既可以是艺术的，同时又是真实的。

在费尔兰达·维埃加斯和马丁·瓦滕伯格的另一幅作品"风图"（Wind Map）中，他们将可视化用作工具和表达方式，绘制了全美各地风的流动模式（见图 4-17）。数据来自国家数字预测数据库的预报，每小时更新一次。你可以通过缩放和平移数据库来进行研究，还可以把鼠标停在某处了解该地的风速和方向。地图上风的流动越集中、越快，预报的风速就越大。

图 4-17 风图（2016-2-23，http://hint.fm/wind/）

对于研究风的模式的气象学家或是教授气象原理的老师，这个图很有用，但维埃加斯和瓦滕伯格将其看作艺术品。他们的目的是赋予环境生命感，使它看上去很美。你很容易沉浸在这些数据中，这些数据既是个性化的，又很容易与读者建立起关联。用传统的图表很难做到这些。也就是说，高质量的数据艺术和其他可视化一样，仍是由数据引导设计的。随着移动技术的进步，数字和物质间的差距变得更小，可视化将在连接这两个世界的过程中发挥出更大的作用。

可见，可视化的定义在不同的人眼中是不一样的。作为一个整体，可视化的广度每天都在变化。可视化的目的不同，目标读者可能就会迥然不同。但无论如何，可视化作为一种媒介，用处很大。

4.5 掌握可视化设计组件

所谓可视化数据，其实就是根据数值，用标尺、颜色、位置等各种视觉隐喻的组合来表现数据。深色和浅色的含义不同，二维空间中右上方的点和左下方的点含义也不同。

可视化是从原始数据到条形图、折线图和散点图的飞跃。人们很容易会以为这个过程很方便，因为软件可以帮忙插入数据，你立刻就能得到反馈。其实在这中间还需要一些步骤和选择，例如用什么图形编码数据？什么颜色对你的寓意和用途是最合适的？可以让计算机帮你做出所有的选择以节省时间，但是至少，如果清楚可视化的原理以及整合、修饰数据的方式，你就知道如何指挥计算机，而不是让计算机替你做决定。对于可视化，如果你知道如何解释数据，以及图形元素是如何协作的，得到的结果通常比软件做得更好。

基于数据的可视化组件分为 4 种：视觉隐喻、坐标系、标尺以及背景信息。不论在图的什么位置，可视化都是基于数据和这 4 种组件创建的。有时它们是显式的，而有时它们则会组成一个无形的框架。这些组件协同工作，对一个组件的选择会影响到其他组件。

（1）组件：不同组件组合在一起构成图表。取决于数据本身，有时它们直接显示在可视化视图中，有时它们形成背景图。

（2）标题：描述数据以及高亮显示的内容。

（3）视觉隐喻：可视化包括用形状、颜色和大小来编码数据，选择什么取决于数据本身和目标。

（4）坐标系：用散点图映射数据和用圆饼图是不一样的。散点图中有 x 坐标和 y 坐标，其他图中则有角度，就像直角坐标系和极坐标系的对比。

（5）标尺：有意义的增量可以增强可读性，就像改变焦点一样。

（6）背景信息：如果可视化产品的读者对数据不熟悉，则应该阐明数据的含义以及读图的方式。

4.5.1 视觉隐喻

可视化最基本的形式就是简单地把数据映射成彩色图形。它的工作原理就是大脑倾向于寻找模式，你可以在图形和它所代表的数字间来回切换。这一点很重要。你必须确定数据的本质并没有在这反复切换中丢失，如果不能映射回数据，可视化图表就只是一堆无用的图形。所谓视觉隐喻，就是在可视化数据的时候，用形状、大小和颜色来编码数据。必须根据目的来选择合适的视觉隐喻，并正确使用它。而这又取决于你对形状、大小和颜色的理解。图 4-18 展示了常用的视觉隐喻。

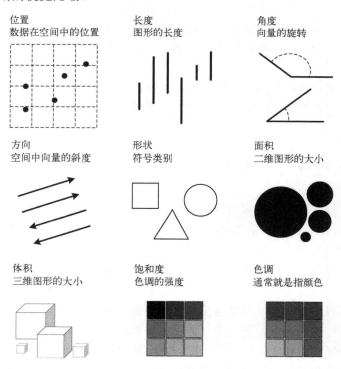

图 4-18　可视化可用的视觉隐喻

（1）位置。比较给定空间或坐标系中数值的位置。如图 4-19 所示，观察散点图的时候，是通过一个数据点的 x 坐标和 y 坐标以及和其他点的相对位置来判断。

用位置作视觉隐喻往往比其他视觉隐喻占用的空间更少。因为你可以在一个 XY 坐标平面里画出所有的数据，每一个点都代表一个数据。与其他用尺寸大小来比较数值的视觉隐喻不同，坐标系中所有的点大小相同。然而，绘制大量数据之后，你一眼就可以看出趋势、群集和离群值。

但观察散点图中的大量数据点时，很难分辨出每一个点分别表示什么。即便是在交互图中，仍然需要鼠标悬停在一个点上以得到更多信息，而点重叠时会更不方便。

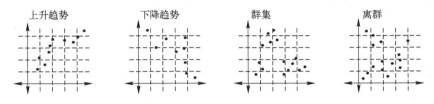

图 4-19　散点图

（2）长度。通常用于条形图中，条形越长，绝对数值越大。不同方向上，如水平方向、垂直方向或者圆的不同角度上都是如此。

长度是从图形一端到另一端的距离，因此要用长度比较数值就必须能看到线条的两端，否则得到的最大值、最小值及其之间的所有数值都是有偏差的。

图 4-20 给出了一个简单的例子，它是一家主流新闻媒体在电视上展示的一幅税率调整前后的条形图。

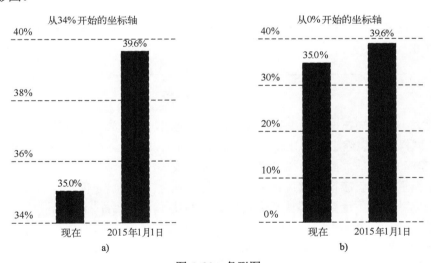

图 4-20　条形图

a) 错误的条形　b) 正确的条形

图 4-20a 中两个数值看上去有巨大的差异。因为数值坐标轴从 34%开始，导致右边条形长度几乎是左边条形长度的五倍。而图 4-20b 中坐标轴从 0 开始，数值差异看上去就没有那么夸张了。

（3）角度。取值范围从 0°～360°，构成一个圆。有 90°直角，大于 90°的钝角和小于

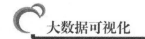

90°的锐角。直线是180°。

任何一个角度都隐含着一个能和它组成完整圆形的对应角，这两个角被称作共轭。这就是通常用角度来表示整体中部分的原因。尽管圆环图常被当作是饼图的近亲，但圆环图的视觉隐喻是弧长，因为可以表示角度的圆心被切除了。

（4）方向。角度是相交于一个点的两个向量，而方向则是坐标系中一个向量的方向。你可以看到上下左右及其他所有方向，以帮助测定斜率（见图4-21）。在图4-21中可以看到增长、下降和波动。

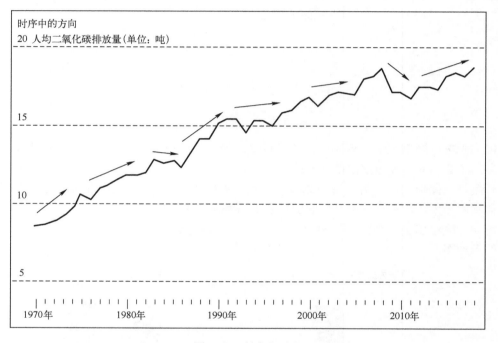

图4-21　斜率和时序

对变化大小的感知在很大程度上取决于标尺。例如，可以放大比例让一个很小的变化看上去很大，同样也可以缩小比例让一个巨大的变化看上去很小。一个经验法则是，缩放可视化图表，使波动方向基本都保持在45°左右。如果变化很小但却很重要，就应该放大比例以突出差异。相反，如果变化微小且不重要，那就不需要放大比例使之变得显著了。

（5）形状。形状和符号通常被用在地图中，以区分不同的对象和分类。地图上的任意一个位置可以直接映射到现实世界，所以用图标来表示是合理的。例如，可以用一些树表示森林，用一些房子表示住宅区。在图4-22中，三角形和正方形都可以用在散点图中，不同的形状比一个个点能提供的信息更多。

（6）面积和体积。大的物体代表大的数值。长

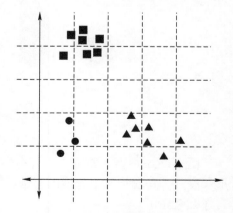

图4-22　散点图中的不同形状

度、面积和体积分别可以用在二维和三维空间中，表示数值的大小。二维空间通常用圆形和矩形，三维空间一般用立方体或球体。也可以更为详细地标出图标和图示的大小。

一定要注意所使用的是几维空间。假设你用正方形这个有宽和高两个维度的形状来表示数据。数值越大，正方形的面积就越大。如果一个数值比另一个大 50%，你希望正方形的面积也大 50%。然而一些软件的默认行为是把正方形的边长增加 50%，而不是面积，这会得到一个非常大的正方形，面积增加了 125%，而不是 50%。三维物体也有同样的问题，而且会更加明显。把一个立方体的长宽高各增加 50%，立方体的体积将会增加大约 238%。

（7）颜色。颜色视觉隐喻分两类，色相（hue）和饱和度。两者可以分开使用，也可以结合起来用。色相就是通常所说的颜色，如红色、绿色、蓝色等。不同的颜色通常用来表示分类数据，每个颜色代表一个分组。饱和度是一个颜色中色相的量。假如选择红色，高饱和度的红就非常浓，随着饱和度的降低，红色会越来越淡。同时使用色相和饱和度，可以用多种颜色表示不同的分类，每个分类有多个等级。

对颜色的选择能给数据增添背景信息。因为不依赖于大小和位置，可以一次性编码大量的数据。不过要时刻考虑到色盲人群，有将近 8%的男性和 0.5%的女性是红绿色盲，如果只用这两种颜色编码数据，这部分读者会很难理解可视化图表。可以通过组合使用多种视觉隐喻，使所有人都可以分辨得出。

（8）感知视觉隐喻。研究确定人们理解视觉隐喻（不包括形状）的精确程度从最精确到最不精确的视觉隐喻排序清单，即：

位置→长度→角度→方向→面积→体积→饱和度→色相

4.5.2 坐标系

编码数据的时候，总得把物体放到一定的位置。有一个结构化的空间，还有指定图形和颜色且画在哪里的规则，这就是坐标系，它赋予 XY 坐标或经纬度以意义。有几种不同的坐标系几乎可以覆盖所有的需求，它们分别为直角坐标系（也称为笛卡尔坐标系）、极坐标系和地理坐标系，如图 4-23 所示。

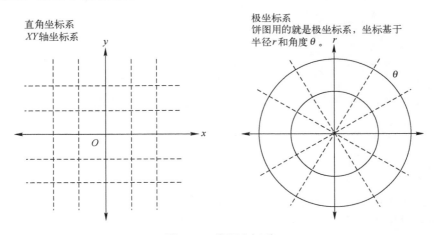

图 4-23　常用坐标系

（1）直角坐标系是最常用的坐标系（对应条形图或散点图等）。通常可以认为坐标就是被标记为（x, y）的 XY 值对。坐标的两条线垂直相交，取值范围从负到正，组成了坐标轴。交点是原点，坐标值指示到原点的距离。例如，（0, 0）点就位于两线交点，（1, 2）点在水平方向上距离原点一个单位，在垂直方向上距离原点 2 个单位。

直角坐标系还可以向多维空间扩展。例如，三维空间可以用（x, y, z）三值对来替代（x, y）。可以用直角坐标系来画几何图形，以使在空间中画图变得更为容易。

（2）极坐标系（对应如圆饼图）由一个圆形网格构成，最右边的点是零度，角度越大，逆时针旋转越多。距离圆心越远，半径越大。

将自己置于最外层的圆上，增大角度，逆时针旋转到垂直线（或者直角坐标系的 y 轴），就得到了 90°，也就是直角。再继续旋转 1/4，到达 180°。继续旋转直到返回起点，就完成了一次 360° 的旋转。沿着内圈旋转，半径会小很多。

极坐标系没有直角坐标系用得多，但在角度和方向很重要时它会更有用。

（3）地理坐标系。位置数据的最大好处就在于它与现实世界的联系，它能给相对于你的位置的数据点带来即时的环境信息和关联信息。用地理坐标系可以映射位置数据。位置数据的形式有许多种，但通常都是用纬度和经度来描述，分别相对于赤道和子午线的角度，有时还包含高度。纬度线是东西向的，标识地球上的南北位置。经度线是南北向的，标识东西位置。高度可被视为第三个维度。相对于直角坐标系，纬度就好比水平轴，经度就好比垂直轴。也就是说，相当于使用了平面投影。

绘制地表地图最关键的地方是要在二维平面上（如计算机屏幕）显示球形物体的表面。有多种不同的实现方法，被称为投影。当把一个三维物体投射到二维平面上时，会丢失一些信息，与此同时，其他信息则被保留下来了。如图 4-24 所示，这些投影都有各自的优缺点。

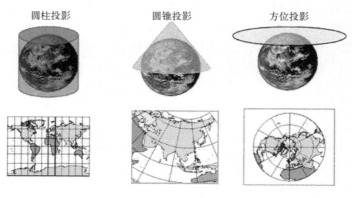

图 4-24　地图投影

4.5.3　标尺

坐标系指定了可视化的维度，而标尺则指定了在每一个维度里数据映射到哪里。标尺有很多种，也可以用数学函数来定义自己的标尺，但是基本上不会偏离图 4-25 中所展示的 3 种标尺，包括数字标尺、分类标尺和时间标尺。标尺和坐标系一起决定了图形的位置以及投影的方式。

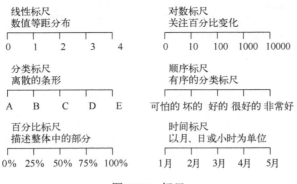

图 4-25 标尺

（1）数字标尺。数字标尺上的间距相等，因此，在标尺的低端测量两点间的距离，和在标尺高端测量的结果是一样的。然而，对数标尺是随着数值的增加而压缩的。对数标尺不像线性标尺那样被广泛使用。对于不常和数据打交道的人来说，它不够直观，也不好理解。但如果关心的是百分比变化而不是原始计数，或者数值的范围很广，对数标尺还是很有用的。百分比标尺通常也是线性的，用来表示整体中的部分时，最大值是 100%（所有部分总和是100%）。

（2）分类标尺。如人们居住的城市或政府官员所属党派等这样的数据也可以分类。分类标尺为不同的分类提供视觉分隔，通常和数字标尺一起使用。拿条形图来说，你可以在水平轴上使用分类标尺（如 A、B、C、D、E），在垂直轴上用数字标尺，这样就可以显示不同分组的数量和大小了。分类间的间隔是随意的，和数值没有关系。通常会为了增加可读性而进行调整，顺序和数据背景信息相关。当然，也可以相对随意，但对于分类的顺序标尺来说，顺序就很重要了。比如，将电影的分类排名数据按从糟糕的到非常好的这种顺序显示，能帮助观众更轻松地判断和比较影片的质量。

（3）时间标尺。时间是连续变量，可以把时间数据画到线性标尺上，也可以将其按月份或者星期来分类，作为离散变量处理。当然，它也可以是周期性的，总有下一个正午、下一个星期六和下一个一月份。和读者沟通数据时，时间标尺带来了更多的好处，因为和地理地图一样，时间是日常生活的一部分。随着日出和日落，在时钟和日历里，人们每时每刻都在感受和体验着时间。

4.5.4 背景信息

背景信息（帮助更好地理解数据相关的 5W 信息，即何人、何事、何时、何地、为何）可以使数据更清晰，并且能正确引导读者。至少，几个月后回过头来再看的时候，它可以提醒你这张图在说什么。

有时背景信息是直接画出来的，有时则隐含在媒介中。例如，可以很容易地用一个描述性标题来让读者知道他们将要看到的是什么。想象一幅呈上升趋势的汽油价格时序图，可以把它叫作"油价"，也可以叫它"上升的油价"，来表达出图片的信息，还可以在标题底下加上引导性文字，描述价格的浮动。

所选择的视觉隐喻、坐标系和标尺都可以隐性地提供背景信息。明亮、活泼的对比色和深的、中性的混合色表达的内容是不一样的。同样，地理坐标系让你置身于现实世界的空间中，直角坐标系的 *XY* 坐标轴只停留在虚拟空间。对数标尺更关注百分比变化而不是绝对数值。这就是为什么注意软件默认设置很重要。

4.5.5 整合可视化组件

单独看这些几何图形或可视化组件没那么神奇，但如果把它们放在一起，就得到了值得期待的完整的可视化图形。举例来说，在一个直角坐标系里，水平轴上用分类标尺，垂直轴上用线性标尺，长度作视觉隐喻，这时得到了条形图。在地理坐标系中使用位置信息，则会得到地图中的一个个点。

在极坐标系中，半径用百分比标尺，旋转角度用时间标尺，面积作视觉隐喻，可以画出极区图（即南丁格尔玫瑰图）。

本质上，可视化是一个抽象的过程，是把数据映射到了几何图形和颜色上。从技术角度看，这很容易做到。你可以很轻松地用纸笔画出各种形状并涂上颜色。难点在于，你要知道什么形状和颜色是最合适的、画在哪里以及画多大。

要完成从数据到可视化的飞跃，你必须知道自己拥有哪些原材料。对于可视化来说，视觉隐喻、坐标系、标尺和背景信息都是你拥有的原材料。视觉隐喻是人们看到的主要部分，坐标系和标尺可使其结构化，创造出空间感，背景信息则赋予了数据以生命，使其更贴切，更容易被理解，从而更有价值。

知道每一部分是如何发挥作用的，尽情发挥，并观察别人看图的时候得到了什么信息：不要忘了最重要的东西，没有数据，一切都是空谈。同样，如果数据很空洞，得到的可视化图表也会是空洞的。即使数据提供了多维度的信息，而且粒度足够小，使你能观察到细节，那你也必须知道应该观察些什么。

数据量越大，可视化的选择就越多，然而很多选择可能是不合适的。为了过滤掉那些不好的选择，找到最合适的方法，得到有价值的可视化图表，你必须了解自己的数据。

【实验与思考】大数据可视化的领军企业 Tableau

1. 实验目的

（1）熟悉大数据可视化的基本概念和主要内容。

（2）通过网络搜索，了解大数据可视化的领军企业 Tableau，并由此进一步熟悉大数据分析与可视化的专业市场。

（3）熟悉大数据分析、处理和可视化应用的主要方法。

2. 工具/准备工作

在开始本实验之前，请认真阅读课程的相关内容。

需要准备一台带有浏览器、能够访问因特网的计算机。

3. 实验内容与步骤

（1）请结合相关文献资料，简述数据可视化的七个数据类型是什么？

答：_____

_____

_____

（2）请结合相关文献资料，简述数据可视化的七项基本任务是什么？

答：

（3）访问 Tableau 公司官网。

Tableau（读 ['tæbloʊ]）是桌面办公环境中一款定位于数据可视化敏捷开发和实现的，易于操作应用的商业智能工具软件，它将数据运算与美观的分析图表完美地结合在一起，可以用它将大量数据拖放到数字"画布"上，迅速有效地创建好各种分析图表。Tableaude 的用户无须编程，就可以完全自定义配置控制台。在控制台上不仅能够监测信息，还提供了完整的分析能力，灵活且具有高度的动态性。

Tableau 可以用来实现交互的、可视化的分析和仪表板应用，从而帮助企业快速地认识和理解数据，以应对不断变化的市场环境与挑战。数据可视化让枯燥的数据以简单友好的图表形式展现出来，是一种最为直观有效的分析方式。无需过多的技术基础，任何个人、企业都可以轻松学会 Tableau，并运用其可视化功能对数据进行处理和展示，从而更好地进行数据分析工作。

① 浏览 Tableau 简体中文官网（www.tableau.com/zh-cn，见图 4-26），从网页视频等内容中了解 Tableau 产品的特色及其表现力，熟悉 Tableau 数据可视化的主要功能。

请记录：在 Tableau 官方网站中，你最感兴趣的网页内容。

答：

② 浏览 Tableau 产品网页。

打开 Tableau 官网上方的 Priducts（产品）项，请浏览了解。

请记录：Tableau 有哪些产品？

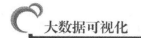

图 4-26　Tableau 简体中文官网

4. 实验总结

5. 实验评价（教师）

第5章 数据可视化过程

【导读案例】关于泰坦尼克号的"镶嵌图"

泰坦尼克号（RMSTitanic）是当时世界上最大的超级豪华巨轮，被称为是"永不沉没的客轮"和"梦幻客轮"。它与姐妹船奥林匹克号（RMSOlympic）和不列颠尼克号（HMHSBritannic）一道为英国白星航运公司的乘客们提供快速且舒适的跨大西洋旅行，是同级三艘超级邮船中的第二艘。泰坦尼克号共耗资 7 500 万英镑，吨位 46 328 吨，长 882.9 英尺[1]，宽 92.5 英尺，从龙骨到四个大烟囱的顶端有 175 英尺，高度相当于 11 层楼。

1912 年 4 月 10 日，泰坦尼克号从英国南安普敦出发，途经法国瑟堡–奥克特维尔以及爱尔兰的昆士敦，计划中的目的地为美国的纽约，开始了这艘"梦幻客轮"的处女航。4 月 14 日晚 11 点 40 分，泰坦尼克号在北大西洋撞上冰山，两小时四十分钟后，4 月 15 日凌晨 2 点 20 分沉没，由于缺少足够的救生艇，1731 人葬身海底，造成了当时在和平时期最严重的一次航海事故，也是迄今为止最为人所知的一次海难（图 5-1）。

图 5-1　泰坦尼克号沉没

在数据可视化中，多变量数据的描述一直是一个富有挑战的课题，刺激着新技术的不断产生，如坐标图、散点图矩阵、关联直方图、镶嵌图等。这里，通过泰坦尼克号的例子来解释镶嵌图的概念。泰坦尼克号乘员 2201 人中有 1731 名旅客及工作人员丧生。表 5-1 显示的原始数据包含 4 个属性：性别、是否存活、舱位等级以及成人/儿童。

表 5-1　泰坦尼克号事件的原始数据

存活	年纪	性别	舱位			
			头等舱	二等舱	三等舱	工作人员
否	成人	男	118	154	387	670
是			57	14	75	192
否	儿童		0	0	35	0
是			5	11	13	0
否	成人	女	4	13	89	3
是			140	80	76	20
否	儿童		0	0	17	0
是			1	13	14	0

1　1 英尺=30.48cm

　　如果没有仔细分析，很难从这个表中读出有用信息。我们可以通过以下方法生成一个对应的镶嵌图：首先生成一个矩形，令它的面积表示船上的总人数（图 5-2a）。然后根据舱位等级将这个矩形分成 4 个稍小的矩形，它们的面积表示各舱位的人员数（图 5-2b）。下一步再根据各舱位内的人员性别对这 4 个矩形进行细分（图 5-2c），从中可以立即看出一些信息，如头等舱、二等舱和三等舱中的男女比例。最后，我们根据存活与否（存活表示为绿色，死亡表示为黑色）或成人/儿童对已有矩形进行再次细分，得到图 5-2d。

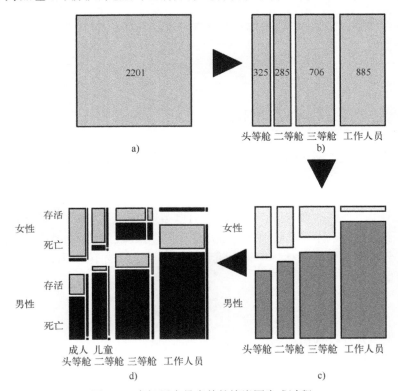

图 5-2　泰坦尼克号事件的镶嵌图生成过程

　　这个镶嵌图提供了对泰坦尼克号事件的最直观的描述，同时也显现了很多新的信息，如"乘坐三等舱的女性""头等舱女性的存活率""女童较之于男童的存活率"等。

　　阅读上文，请思考、分析并简单记录。

　　（1）请通过网络搜索，了解并记录你感兴趣的更多关于泰坦尼克号事件的各个方面的信息，例如人文和技术信息等。

　　答：＿＿＿＿＿＿＿＿＿＿＿＿＿＿＿＿＿＿＿＿＿＿＿＿＿＿＿＿＿＿＿＿＿＿＿＿

＿＿

＿＿

　　（2）仔细观察图 5-2，你还会产生哪些问题？得到哪些信息？

　　答：＿＿＿＿＿＿＿＿＿＿＿＿＿＿＿＿＿＿＿＿＿＿＿＿＿＿＿＿＿＿＿＿＿＿＿＿

＿＿

＿＿

（3）你认为，在事件描述中，表格和图形方式分别有哪些特点，它们彼此有什么关联？

答：_____

_____

_____

（4）请简单记述你所知道的上一周发生的国际、国内或者身边的大事。

答：_____

_____

_____

_____

5.1 分析数据，指导视觉探索

如今人们在新闻里、网站上和图书中看到的那些漂亮的图表，都是数据图形的典范。制作这些图表的人对数据理解得越深越透，就越能更好地表达自己的研究成果。"图片最伟大的价值在于它迫使我们注意到从未预见到的事物。"（统计学家约翰·图基）除了用于展示成果，可视化也是一个很好的数据分析工具，它可以帮助我们探索数据，发现通常在统计检验中可能发现不了的东西。你只需要知道目标是什么，以及就已有的数据要提出什么问题。

研究者在分析中所采取的具体步骤会随着数据集和项目的不同而不同，但在探索数据可视化时，应着重考虑以下 4 点。

（1）拥有什么数据？

（2）关于数据你想了解什么？

（3）应该使用哪种可视化方式？

（4）你看见了什么，有意义吗？

在这些问题中，每个问题的答案都取决于前一个问题的答案。图 5-3 显示了一个迭代过程。如果你拥有很多数据，在可视化这些数据的某一个方面时，所看见的东西可能让你对其他方面产生好奇，而这种好奇心反过来会导致产生不同的图表。

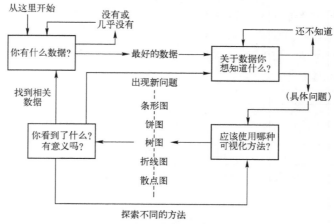

图 5-3 迭代的数据探索过程

5.1.1　你拥有什么数据

人们通常会想象可视化应该是什么样子，或者去找出一个想要模仿的例子。但是，临到要实践的时候，他们才意识到要么需要更多的数据，要么就是想要制作的图表并不适合那些数据——常见的错误是先形成视觉形式，然后再找数据。其实应该反过来，先有数据，再进行可视化。通常，获取需要的数据是最困难、耗时最多的一步。以所指定的格式获得数据，再轻松地将其导入选用的软件，这在实际工作中是很少见的。研究者可能需要通过访问 API接口从网站中费力地获取数据，或从已有的数据中挖掘需要的数据。这时，编程有助于部分步骤的自动化，也有越来越多简单易用的应用程序可以帮助你管理数据。

研究数据的时候，应该经常停下来想一想它们代表着什么，来自哪里以及如何衡量其变化。

5.1.2　关于数据，你想了解什么

假设你有一些数据要研究。从哪儿开始着手呢？如果只有一个数据点就简单了，可以直接读取它的值，但是，大多数的发现都会来自外部信息和其他数据。另一方面，当你有一个包含数以千计甚至数百万个观察结果的数据集时——想象一下有那么多行的电子表格，这将非常具有挑战性，你却不知道从何下手？

为了避免淹没在数据的海洋中，开始的时候，应该先问问自己想从数据中了解什么。答案无需复杂深刻，只是不要太模糊，回答得越具体，方向就越明确。例如，记者蒂姆·德·钱特研究世界人口密度，他很好奇如果全世界每个人都拥有相同的居住空间，城市会有多大。直接画出全球人口密度是一个简单的方法，而钱特却用了一个更友好的视角（见图5-4）。

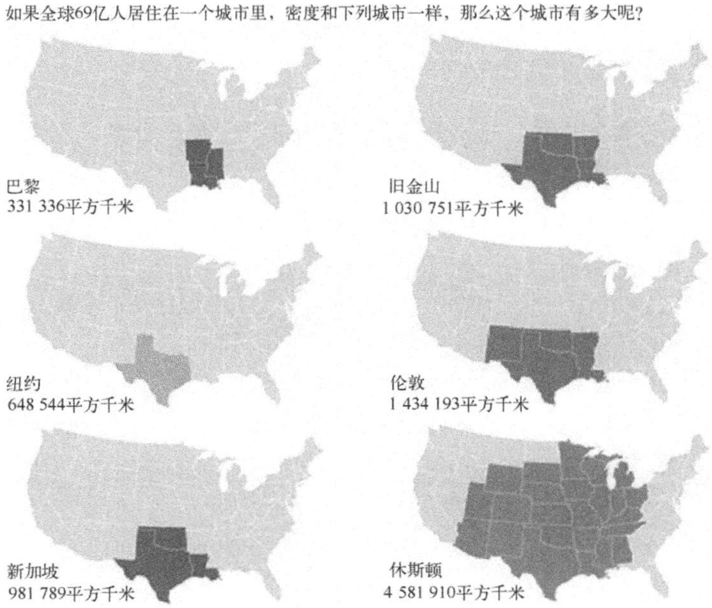

如果全球69亿人居住在一个城市里，密度和下列城市一样，那么这个城市有多大呢?

巴黎
331 336平方千米

旧金山
1 030 751平方千米

纽约
648 544平方千米

伦敦
1 434 193平方千米

新加坡
981 789平方千米

休斯顿
4 581 910平方千米

图 5-4　浓缩的世界人口地图（2011，http://persquaremile.com）

你针对数据提问时，也给了自己一个出发的位置，幸运的话，随着研究的深入，会出现更多需要研究的问题。为读者设计可视化图表时，要在研究过程中提出并回答读者可能会问的问题，这提供了研究的重点和目标，对设计过程也很有帮助。

5.1.3　应该使用哪种可视化方式

有很多图表和视觉隐喻的组合可以选择。在为数据选择正确的表格时，研究初期，更重要的是要从不同的角度观察数据，并深入到对项目更重要的事情上。制作多个图表时，要比较所有的变量，看看有没有值得进一步研究的东西。先从整体上观察数据，然后放大到具体的分类和独立的数据点。这也是实验视觉形式的好时机。如果尝试用不同的标尺、颜色、形状、大小和几何图形，可能会看到值得进一步探索的图形。如果你的目标是探索研究，那就不要让最佳实践清单阻止你尝试一些不同的东西，因为复杂的数据通常需要复杂的可视化。

传统的可视化图，如条形图和折线图很容易画，也很容易看明白，这使它们成了探索数据的出色工具。目标改变，选择也会改变。如果是设计仪表板，就要使系统状态显示一目了然，所以必须用直观的方式可视化数据以便于理解。如果目标是鼓励反思或激发情感，效率可能就不是主要的考量要素了。

5.1.4　你看到了什么，有意义吗

可视化数据后，你需要寻找一些东西，包括增加、减少、离群值或者一些组合，同时也要注意有多少变化以及模式有多明显。数据中的差异与随机性相比是怎样的？因为估值的不确定性、人为的或技术的错误或者是因为人或事物与众不同，会使观察结果与众不同。

找到有趣的东西时，问问自己："它有意义吗？为什么有意义？"人们常常认为数据就是事实，因为数字是不可能变动的。但数据具有不确定性，因为每个数据点都是对某一瞬间所发生事情的快速捕捉，其他内容都是你推断的。

5.2　分类数据的可视化

数据分析中常常需要把人群、地点和 其他事物进行分类，分类可以带来结构化。图 5-5 显示了一些可视化分类数据的选择。

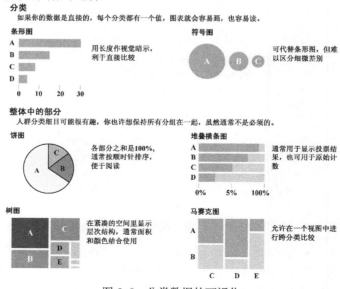

图 5-5　分类数据的可视化

条形图是显示分类数据最常用的方法。每个矩形代表一个分类，矩形越长，数值越大。当然，数值大可能表示更好，也可能表示更差，这取决于数据集以及制作者视角。条形图在视觉上等同于一个列表。每一条都代表一个值，你可以用不同的矩形来区分，也可以使用不同的标尺和图形表示同样的 数据。

5.2.1　整体中的部分

把分类放在一起时，各部分的总和等于整体，例如，统计每个地区的人数就得到了全国总人数。把分类看成独立的单元将有助于你看到整体分布情况或单一种群的蔓延情况。

在圆饼图中，完整的圆表示整体，每个扇区都是其中的一部分。所有扇区的总和等于 100%。在这里，角度是视觉隐喻。用户需要决定是否使用圆饼图。分类很多时，圆饼图很快会乱成一团，因为一个圆里只有这么点空间，所以小数值往往就成了细细的一条线。

5.2.2　子分类

子分类通常比主分类更有启示性。随着研究的深入，能看到更多内容和更多变化。显示子分类使数据浏览更容易，因为阅读者可以将视线直接跳到他最关注的地方。

图 5-6 显示了在调查中自称是未成年人的父母或监护人的人所占的比例。这张图看起来像是堆叠横条图中的横条。段越大表示给出这个答案的人越多，可以看到大多数人都给出了否定的回答，一些人给出了肯定的回答（还有一些人则拒绝回答）。

如果想知道回答是与否的人所受教育的程度的对比情况呢？可以引入另一个维度：它的几何结构是一样的，即面积越大，百分比越高。比如，可以看到那些身为父母的人大学本科毕业率略低于未当父母的人（见图 5-7）。

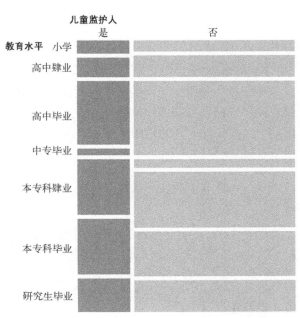

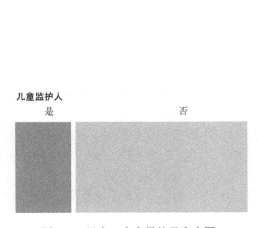

图 5-6　只有一个变量的马赛克图　　　　图 5-7　两个变量的马赛克图

请注意图 5-8 中每一个子分类的垂直分割。可以继续增加变量，但正如所看到的，图表越来越难以读懂，所以需要谨慎。还可以继续引入第三个变量，例如，学历和教育的定位是一样的，但可以看看他们使用电子邮件的情况。

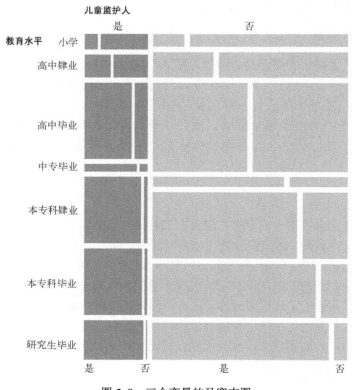

图 5-8　三个变量的马赛克图

5.2.3　看清数据的结构和模式

对于分类数据，通常能立刻看到最小值和最大值，这能让你了解到数据集的范围。通过快速排序，也可以很方便地查找到数据集的范围。之后，看看各部分的分布情况，大部分数值是很高？很低？还是居中？最后，再看看结构和模式，如果一些分类有着同样或差异很大的值，就要问问为什么，以及是什么让这些分类相似或不同的。

5.3　时序数据的可视化

可视化时序数据时，目标是看到什么已经成为过去，什么发生了变化以及什么保持不变，相差程度又是多少（见图 5-9）。与去年相比，增加了还是减少了？造成这些增加、减少或不变的原因可能是什么？有没有重复出现的模式，是好还是坏？预期内的还是出乎意料的？

和分类数据一样，条形图一直以来都是观察数据最直观的方式，只是坐标轴上不再用分类，而是用时间。通常，时间段之间的变化幅度比每个点的数值更有趣。

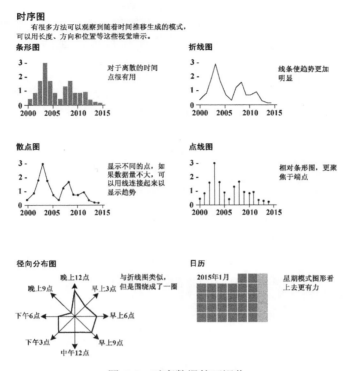

图 5-9　时序数据的可视化

5.3.1　周期

　　一天中的时间，一周中的每一天以及一年中的每个月都在周而复始，对齐这些时间段通常会有好处。然而，如果条形图看起来像是一个连续的整体，会更容易区分变化，因为可以看到坡度，或者点之间的变化率。当用连续的线时，会更容易看到坡度。折线图以相同的标尺显示了与条形图一样的数据，但通过方向这一视觉隐喻直接展现出了变化。

　　同样，也可以用散点图，数据和坐标轴一样，但视觉隐喻不同。和条形图一样，散点图的重点在每个数值上，趋势不是那么明显（见图 5-10）。

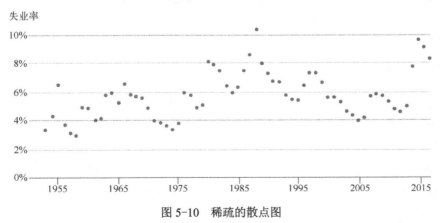

图 5-10　稀疏的散点图

如果用线把稀疏的点连起来（见图 5-11），图的焦点就又变了。如果你更关心整体趋势，而不是具体的月度变化，那么就可以对这些点使用 LOESS 曲线法[1]，而不是连接每个点（见图 5-12）。

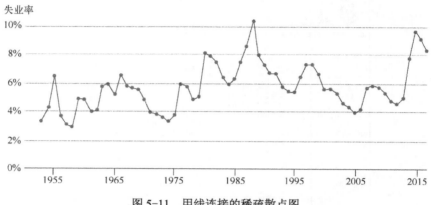

图 5-11　用线连接的稀疏散点图

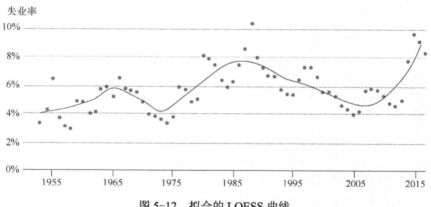

图 5-12　拟合的 LOESS 曲线

当然，图表形式的选择取决于数据，虽然开始时可能看起来有很多选择，但通过实践能知道使用何种图表最合适，相似的数据集也可能有很多不同的选择。

5.3.2　循环

影响到经济以及失业率的因素很多，所以在各个显著增加的间隔中并没有表现出什么规律。例如，数据没有显示出失业率每十年上升 10%。然而，很多事情都是在规律性地重复着。学生们有暑假，人们也常在夏天度假，午餐时间通常很集中，因此街角那些卖肉夹馍的摊位一到中午就经常会排起长队。

来自机场的航班数据也显示了类似的循环现象，通常星期六的航班最少，星期五的航班最多。切换到极坐标轴，如图 5-13 所示的星状图（也称雷达图、径向分布图或蛛网图）。从顶部的数据开始，顺时针看。一个点越接近中心，其数值就越低，离中心越远，数值则越大。

---

1 LOESS 曲线法，即局部加权散点图，这是威廉-克利夫兰发明的统计方法，适合数据子集不同点的多项式函数，拟合后形成了平滑的线。这种方法用来绘制平滑曲线，结合了线性回归的简单性和非线性模型的灵活性。

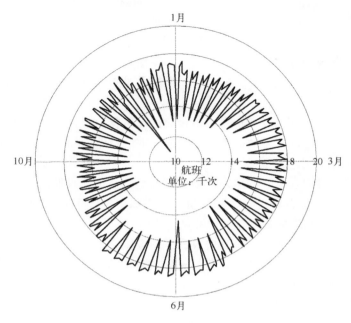

图 5-13　时序数据的星状图

因为数据在重复，所以比较每周同一天的数据就有了意义。例如，比较每周一的情况。要弄清那些异常值的日期，最直接的方法就是回到数据中一天天地查看最小值。

总体来说，我们要寻找随时间推移发生的变化，更具体地说是要注意变化的本质。变化很大还是很小？如果很小，那这些变化还重要吗？想想产生变化的可能原因，即使是突发的短暂波动，也要看看是否有意义。变化本身是有趣的，但更重要的是，要知道变化有什么意义。

5.4　空间数据的可视化

空间数据很容易理解，因为任何时刻你都知道自己在哪儿——知道自己住在哪儿，去过哪儿以及想去哪儿。空间数据存在自然的层次结构，可以并需要以不同的粒度进行探索研究。在遥远的太空中，地球看起来就像个小蓝点，什么也看不到；但随着画面的放大，就可以看见陆地和大片的水域了，那是大陆和大洋。继续放大，还可以看见各个国家及其海域，然后就是省、州、县、区、市、镇，一直到街区和房屋。从概要视图到细节视图的放大倍数被称为缩放系数。当缩放系数在 5～30 时，相互协调的概要视图和细节视图对是有效的；然而，对于较大的缩放系数，就需要一个额外的中间视图，例如，谷歌地球中的全球视图、亚洲视图、中国视图、浙江视图和杭州视图。

全球数据通常按国家分类，而国家的数据则按省、区、市或地区分类。然而，如果对各个街区或相邻区域的差异有疑问，那么这种高层级的集合就没有太多用处。因此，研究路线取决于拥有的数据或者能够得到的数据。

为了维护个人隐私，防止个人住址泄露，通常要在发布数据前聚合空间数据。有时你不可能在更高粒度级别进行估计，这个工作量太大了。例如，在具体国家之外很少能见到全球

的数据，因为很难在每个国家都获取到这么详细的大样本数据。

如果估算同样的东西，为什么不合并研究呢？方法不同，很难获取可比较的结果。而在其他时候，合并数据也是有意义的，因为人们想要比较不同的区域。例如，如果使用开放数据，通常能看到对国家、省区市和县的估算。虽然不是很详细，但仍然可以从聚合数据中得到信息。

等值区域图是在某个空间背景信息中可视化区域数据时最常用的方法。这种方法使用颜色作为视觉隐喻，不同区域根据数据填色。数值大的区域通常用饱和度高的颜色，数值小的区域则用饱和度低的颜色。

有时空间数据确实包含具体的地点，但可能对整体会更感兴趣。你可能有包含许多地点的数据集，在大城市里也有许许多多的位置点。在绘制完整的地图时，这些点会重叠在一起，很难分辨出在密集的地区到底有多少数据。

空间数据和分类数据很像，只是其中包含了地理要素。首先，你应该了解数据的范围，然后寻找区域模式。某个国家、某个大洲的某个区域是否聚集了较高或较低的值？关于一个人满为患的地区，单独的数值只能告诉你一小部分信息，所以想想模式隐含的意义，参考其他数据集以证实自己的直觉判断。

5.5 让可视化设计更清晰

在研究阶段，你要从各种不同的角度观察数据，浏览它的方方面面。你之所以更了解图表，是因为在研究了大量快速生成的图表后你了解了更多的信息。因此，要用图形方式向人们展示研究结果，就必须确保受众能很容易地理解图表，应该设计更清晰的、简单易读的图表。有时候数据集是复杂的，可视化也会变得复杂。不过，只要能比电子表格提供的有用见解更多，它就是有意义的。无论是定制分析工具还是数据艺术，制作图表都是为了帮助人们理解抽象的数据，尽力不要让读者对数据感到困惑。

5.5.1 建立视觉层次

第一次看可视化图表的时候，你会快速地扫一眼，试图找到什么有趣的东西。而实际上，在看任何东西时，人的眼睛总是趋向于识别那些引人注目的东西，如明亮的颜色、较大的物体等。高速公路上用橙色锥筒和黄色警示标识提醒人们注意事故多发地或施工处，因为在单调的深色公路背景中，这两种颜色非常引人注目。与此相反，人山人海中躲得很隐蔽的某个人就很难找到。

你可以利用这些特点来可视化数据。用醒目的颜色突出显示数据，淡化其他视觉元素，把它们当作背景。用线条和箭头引导视线移向兴趣点。这样就可以建立起一个视觉层次，帮助读者快速关注到数据图形的重要部分，而把周围的东西都当作背景信息。对于没有层次的图表，读者就不得不盲目搜寻了。

举例来说，图 5-14 是显示 NBA 球员使用率和场均得分的散点图。数据点、拟合线、网格和标签都用同样的颜色，线条粗细也一样，没有呈现出一个清晰的视觉焦点。这是一张扁平图，所有的视觉元素都在同一个层次上。

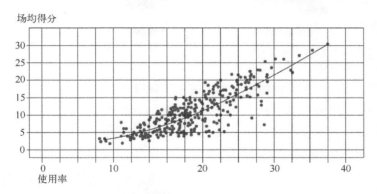

图 5-14　所有视觉元素都在同一个层次上

很容易通过一些细微的改变做出改进。例如，使网格线变细以突出数据，而网格线粗细交替，很容易定位每个数据点在坐标系中的位置；减少网格线的宽度使其成为背景，用颜色和宽度把图表的焦点转移到拟合线上。进一步调整，减少网格和数值标签，减少网格线。现在，图表的可读性强多了（见图 5-15）。

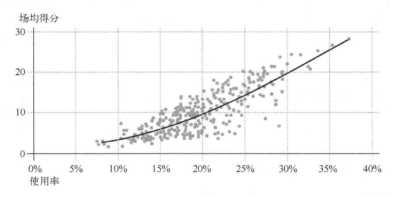

图 5-15　调整后的图

即使绘制图表只是为了研究或对数据进行概览，而不是为了察看具体的数据点或者数据中的故事，如趋势线，仍然可以通过视觉层次将图表结构化。同时呈现大量的数据会造成视觉惊吓，按类别细分则有助于读者浏览图表。

有时候，视觉层次可以用来体现研究数据的过程。假设在研究阶段生成了大量的图表，你可以用几张图来展示全景，在其中标注出具体的细节并另有图表单独表示。可以用这个思路来设计图表，带着读者跟你一起分析数据。

最重要的是，有视觉层次的图表容易读懂，能把读者引向关注焦点。相反，扁平图则缺少流动感，读者难以理解，更难进行细致研究。这肯定不是你想要的结果。

5.5.2　增强图表的可读性

用视觉线索编码数据，就需要解码形状和颜色以得出见解，或理解图形所表达的内容，如图 5-16 所示。如果你没有清楚地描述数据，画出可读性强的数据图，颜色和形状就失去了其价值。图形和相关数据间的联系若被切断，结果就变成了一个几何图而已。

必须维护好视觉隐喻和数据之间的纽带，因为是数据连接着图形和现实世界。图形的可读性很关键。你可以对数据进行比较，思考数据的背景信息及其所表达的内容，并组织好形状、颜色及其周围的空间，使图表更加清楚。

例如，在图 5-17 中，尼古拉斯·加西亚·贝尔蒙特基于来自美国国家气象局的数据，将美国的风场制作成可视化动态图。交互的动画展示了过去 72 个小时里风的动向。线条代表风向，圆圈半径代表风速，颜色代表气温。每个标志都是一个气象站，你可以单击图上面的任何位置以了解更多的细节。

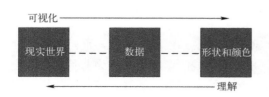

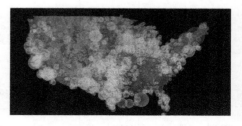

图 5-16　视觉隐喻和数据所表达内容的联系　　图 5-17　美国风场图（2011，https://bit.ly/18VRaVb）

费尔兰达·维埃加斯和马丁·瓦滕伯格也用同样的数据将风场可视化，但和图 4-18 的外表不一样，给人的感觉也不一样。如图 5-18 所示，线越密集，越长，代表风速越大。

图 5-17 中的地图用圆圈显示了 1 200 个气象站的一种模式，感觉像是探索的工具；而图 5-18 中加入了风的路径，感觉更像是艺术品。可以反复体会，两张图都提供了类似的见解，可帮助你推断当前的风场。由于前者更像工具，你可能会用分析的心态看图中的数据，而用欣赏画廊中艺术品的心态看待后者。

图 5-18　美国风图（2012，http://hint.fm/wind/）

5.5.3　允许数据点之间进行比较

允许数据点之间进行比较是数据可视化的主要目标。在表格中，人们只能逐个对数据进行认识，而把数据放到视觉环境中就可以看出一个数值与其他数值的关联有多大，所有数据点是如何彼此相关的。可视化作为更好地理解数据的一种方式，如果不能满足这个基本需求，那它就没有价值了。即便你只想表明这些数值都是相等的，允许进行比较并得出结论仍然很关键。

传统的图表，如条形图、折线图和点阵图，它们都设计得让数据点的比较尽可能直接和明显。它们把数据抽象成了基本的几何图形，可以比较长度、方向和位置。如图 5-19 所示，通过一些微妙的变化就可以让图表更难读或易读。例如，用面积作视觉隐喻。用面积来表示数值，不是用半径长度和边长来判断气泡、方块等图形的大小，而是用总面积。实际上，图形的大小取决于人们怎样用图形来诠释数据。

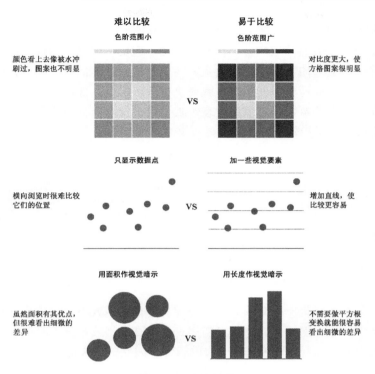

图 5-19　允许比较

　　然而，与位置或长度相比，分辨出二维图形间的细微差异会更困难。当然，这并不是说不能用面积作视觉隐喻。相反，当数值间存在指数级差异时，面积就大有用武之地了。如果细微的差别很重要，就得用其他的视觉隐喻了，如位置或长度。

　　另一方面，气泡图把大数据和小数据放在同一个空间里，不能像条形图一样直观、精确地比较数值。但是就这个例子而言，条形图也不能很好地进行比较。这里还需要一些权衡。

　　引入颜色作为视觉隐喻还有一些其他需要考虑的因素。例如，对于色盲人群看到的红色和绿色，如果用相同饱和度的红色和绿色，对色盲人群来说这两种颜色是一样的。颜色选项也会根据所用的色阶和表达的内容而改变。

5.5.4　描述背景信息

　　背景信息能帮助读者更好地理解可视化数据。它能提供一种直观的印象，并且增强抽象的几何图形及颜色与现实世界的联系。可以通过图表周围的文字引入背景信息，例如在报告或者新闻报道中；也可以用视觉隐喻和设计元素把背景信息融入可视化图表中。

　　通常，视觉隐喻的选择会随着你对图表的期望而变化。不能达到预期效果的图表只会困扰读者——当然，这是从设计角度来看的，而非数据的角度。意外显示出的趋势、模式和离群值总是受欢迎的。举例来说，美国是一个两党制国家，有民主党和共和党。蓝色代表民主党，红色代表共和党，因此在相关地图中反映了政党的颜色。翻转这两种颜色，比例不会变，但是因为大家已经习惯了原先的政党颜色，会使读者产生误解。

　　背景信息同样可以影响到几何图形的选择。例如，美国劳工统计局每个月会发布关于失业和就业的人数估计。图 5-20 显示了从 2013 年 2 月到 2015 年 1 月间的失业人数情况。在这段时间里，每个月的失业人数高于就业人数。条形越长，表明那个月的失业人数越多。

图 5-20 中全是正数值，这本身是合情合理的，但要考虑这个图通常出现在什么样的场合。人们期望看到正数方向表示就业，负数方向表示失业。然而，图 5-21 的坐标系中用负数方向表示失业，负的失业数也就是新增就业机会数。所以，像图 5-21 那样用负值来表示失业更直观。那些否定的事情，用下降来表示减少更合理。而另一方面，当目标就是减轻体重时，体重的降低标在坐标轴的正向一侧效果会更好。

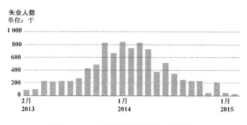

图 5-20 常见的数据可视化

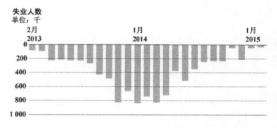

图 5-21 背景信息中的数据可视化

有时，研究某个数据集一段时间后，你很容易忘记其他人不会像你那样熟悉数据。当你知道所有的细节后，很难退回去并想起当初第一次打开文档或数据库时的感觉——只是一堆数字。这就是大部分人刚看到可视化图表时的感受，因此要加快他们理解数据的速度。

可视化是探索数据的好工具。要考虑拥有什么数据，能得到什么数据，数据来源是什么，如何获取以及所有变量的意义是什么，然后用这些额外的信息来指导视觉探索。如果把可视化当作分析工具，你必须尽可能多地了解数据。即使你可视化数据的目的仅是为了将其用于报告中，探索研究也可以让你获得意外的认知，这有助于你制作出更好的图表。

【实验与思考】绘制新的泰坦尼克事件镶嵌图

1. 实验目的

（1）熟悉大数据可视化的基本概念和主要内容。

（2）通过绘制泰坦尼克事件镶嵌图，尝试了解大数据可视化的设计与表现技术。

2. 工具/准备工作

在开始本实验之前，请认真阅读课程的相关内容。

需要准备一台带有浏览器，能够访问因特网的计算机。

3. 实验内容与步骤

参见本章的【导读案例】，为表 5-1 所示的泰坦尼克号事件生成一个镶嵌图（及其生成过程），注意使用不同步骤（例如，是否存活→性别→舱位等级→成年人/儿童）。

镶嵌图可以在纸上手绘，如果是使用软件工具（例如 Visio）则需要打印。请将你绘制的镶嵌图粘贴在下方，并注意折叠。

---（镶嵌图作品粘贴线）---

请列出你从泰坦尼克事件镶嵌图作品的描述中提取出的信息。

答：_____

_____

_____

_____

_____

4. 实验总结

_____

_____

_____

_____

5. 实验评价（教师）

_____

_____

_____

第6章 数据可视化组织

【导读案例】德克萨斯大学体系的透明化

建于 1883 年的美国德克萨斯大学（德州大学，UT，University of Texas at Austin，见图 6-1）是德克萨斯州境内最顶尖的高等学府之一，其主校园离位于奥斯汀的德州州政府总部不足一里。现有学生人数约五万，是全美高等教育最庞大体系之一，也是单一校园中学生人数第五大的大学。一个世纪以来，德克萨斯大学体系"一直致力于通过教育、研究和健康保健等提升德克萨斯州以及全世界人们的生活。"（见图 6-2）

拥有如此多的学生和员工，必然会产生大量数据，而德克萨斯大学也确确实实对那些数据做了些事情。从

图 6-1 德克萨斯大学

2004 年开始，大学每年都会发布有关整个大学体系状况的年度会计报告。这些报告以图表、图形和原始数据的方式展示了具有洞见性的有关整个体系、学校、学生等数据的现状。

事实上，并非每个学校都能提供这种透明程度的报告（滚动一份会计报告，你会很吃惊地发现德克萨斯大学竟然能够对数据进行回溯），然而，它还做了很多可视化组织所做的事情：通过数据可视化，将其可视化和透明化推进到一个更高层次。尤其是部署了 SAS 的复杂数据可视化应用，不仅仅只是面向其员工，任何人只需连接互联网都可以了解这些数据。

2011 年 5 月，德克萨斯大学启动了一个卓越平台项目，这是一个推进德克萨斯州教育和健康保健转型的宏伟计划，其愿景是："我们子孙后代的未来正处于令人堪忧的境地。我们如何能够为不断增长的学生提供更便捷、更廉价的高等教育？我们如何才能够

图 6-2 德克萨斯大学的校园生活

培养更多的医生、护士和健康专家，不断推动德克萨斯州健康医疗质量的提高？"

实现这样的理想需要完善数据访问，需要新的数据可视化应用，还需要完全不同的组织化心智模式。2011 年 12 月，德克萨斯大学上线了全系统生产力仪表盘，这是一个公开的门户，对大学运营管理和每个校园绩效都提供了对外开放的视图。上线时，包括德克萨斯州从业人员、立法会委员、媒体以及一般公众等任何人都能对大学的学生和管理数据进行探索。

其核心就是，仪表盘可以让用户查看覆盖范围广泛的指标，并对大量数据进行探索，其中包括学生的成果、教员的成就、研究和技术的转化以及财务和成果等。仪表盘还能够让用户下载他们所需要的信息，以便在 Excel 或其他应用上进行进一步深入的分析。换言之，在理想情况下，它们会引发进一步的问题和对数据的探索，让数据更开放蕴藏着巨大利益。

2013 年 1 月，德克萨斯大学推出 SAS 的可视化分析（Visual Analytics，VA），这种方式使数据观察更具移动友好性。通过 VA，大学数据现在可通过任何终端在任何地方获取，即员工和公众无需受联网计算机等条件限制，也可以访问大学的公开数据。通过 iPad，用户可以利用 SAS 移动 BI 的 App 来浏览数据，这种方式可将数据洞见随身携带到任何地方。

推出 VA 后不久，德克萨斯大学升级了其仪表盘，增加了更强大的数据可视化的新功能，使得用户能够创建更高级的数据视图。这些视图提供了数据相关的所需上下文信息，使得员工能够理解并更好地做出决策。

这些年来，德克萨斯大学已经采集了大量的学生数据，数据量增长迅速，包括入学和学位数据、学生财务资助数据、课程级别数据等。近年来，德克萨斯大学已经开始采集教师生产力方面的数据，包括研究经费和学术产出等。

迄今为止，人们已经看到德克萨斯大学学术方面在常规性地利用数据进行更好的决策，且非常成功。基于其在全系统范围内的沟通方式，不同运作部门都已经开始关注并跃跃欲试。德克萨斯大学计划将数据可视化和数据发现推广到现有的其他系统中。例如，共享服务、养老稽核、基础设施、风险管理，甚至保安办公室等单位都迫切需要开展他们的数据可视化，从而提出问题并进行更好的决策。更重要的是，他们展示出新的数据和机会以发现更有意义的关系和模式——还不仅仅局限于单个领域，而是贯穿大学全体系内。

2013 年 4 月，SAS 授予德克萨斯大学教育界卓越奖项的年度获得者称号。这项荣誉意味着"这是一家利用 SAS 改善运营、强大领导能力，为当前的工作职位培养学生、激发创新，并/或开拓教育机会的教育组织"，SAS 在其宣讲稿中这样解释道。

德克萨斯大学在很多层面都颇具启发性。首先，通过拥抱新的数据源和新型数据可视化工具，整个体系及其构成成员所做的成就为未来的数据发现奠定了坚实的基础。其次，大学证明了行政支持的重要性。通过员工、团队和部门的分头努力，自然会发生很大变化，但是在大型企业，高层对数据透明化、可视化和探索性的支持的重要性怎么说都不为过。最后，即使面对的是小数据，希望一蹴而就的想法是不明智的，因为企业的发展很大程度依赖组织文化、资源及其他优先事项等条件。认识到早期的成功以及曾经犯下的错误，对于数据可视化的部署是完全可行的策略，将学到的经验传递给其他人，可为组织节省大量时间和花费。

阅读上文，请思考、分析并简单记录。

（1）德克萨斯大学是一所什么样的大学，长期以来，学校致力于数据可视化，主要做了哪些实际工作？

答：_____

_____

_____

（2）请通过网络搜索阅读，了解什么是 SAS 系统，这个系统对大数据分析和可视化有什么作用？

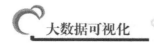

答：_____

_____

_____

（3）据你了解，你所在的院校在大数据分析、运用与可视化领域开展的工作与德克萨斯大学相比，情况和程度如何？如果把德克萨斯大学在这方面的成就算作 100，请给你所在的院校打个分。

答：_____

_____

_____

（4）请简单描述你所知道的上一周内发生的国际、国内或者身边的大事。

答：_____

_____

_____

_____

_____

6.1 可视化组织的快速发展

今天，对数据进行可视化的需求越来越强烈，其原因很简单：数据实在太多太多。亚马逊、苹果、Facebook、谷歌、Salesforce.com、推特及其他著名技术公司都已经认识到数据生态系统和平台的重要性，尤其对用户数据而言。

6.1.1 什么是数据驱动

一个数据驱动的组织会以一种及时的方式获取、处理和使用数据来创造效益，不断迭代并开发新产品，以及在数据中探索。

有很多方式可以评估一个组织是否为数据驱动的，主要有以下几种。

（1）产生的数据量。

（2）使用数据的程度。

（3）内化数据的过程。

其中，有效地使用数据是关键。

数据产品是社交网站的心脏，它们的数据必然是庞大的用户数据集。也许对于社交网络来说最重要的产品是某种帮助用户链接彼此的工具。任何新的用户需要找到新的伙伴、熟人或者联系方式，但让用户自己去搜索他们的朋友可不是一个好的用户体验。如同领英（LinkedIn）工程师发明了 People You May Know（PYMK，你可能认识的人）来解决这个问题。在理论上的确很容易完成这项工作，根据已经存在的关系图，可以准确地发现新用户的关系网络。这样的推荐朋友比自己去选择更为高效。PYMK 已经成为每个社交网站的必备部分。Facebook 不仅支撑了自身版本的 PYMK，他们还监控用户获得朋友的时间。使用精密的跟踪和分析技术，他们标识了让一个用户长期参与的时间和连接数。通过学习达到信任的活动的层级，他们将网站设计成为能够有效降低新人加一定数量朋友为其好友的时间。

类似地，Netflix 在线电影完成了同样的任务。当你注册时，他们强烈推荐你添加你打算观看的电影。他们发现一旦你增加超过某个数量的电影，你成为一个长期用户的概率将大大增加。借助这个数据，Netflix 可以构造、测试和监测产品流来最大化新人转变为长期顾客的数量。他们简化了高度优化的注册/试用服务，有效利用了这样的信息来快速和高效地黏合客户。

除了 Netflix、LinkedIn 和 Facebook，Zynga 公司也使用用户数据来鼓励客户的长期参与，它不仅关注游戏，还会常态化地监测用户身份和他们的行为，生成了一个不可思议的大数据。通过分析用户在一段时间内在一个游戏中的交互行为，他们识别出那些直接导致成功游戏的特征。基于用户和其他用户的交互行为的数目、前 n 天内用户建造的房子数目、在前 m 个小时内杀死了怪物的个数等，便可以知道用户将成为长期会员的概率的变化。他们找到了如何达成参与的挑战的关键点，并设计出产品来鼓励用户达到这些目标。通过持续测试和监测，优化了对这些关键点的理解。

谷歌和亚马逊在使用 A/B 测试优化网页的展示方面是先行者。在互联网发展历史上，设计者们借助直觉和本能来完成工作。但是，如果你对一个页面做出修改，需要确保这个改动是有效的。你卖出更多的产品了吗？用户需要多久才能发现想要的东西？多少用户放弃并转向了其他网站？这些问题只能借助实验、收集和分析数据来完成，这些是数据驱动公司的第二特性。

雅虎对数据科学做出了很多重要的贡献。在看到谷歌使用 MapReduce 来分析海量数据后，他们认识到了自身需要同类的工具来完成自己的事务，这就是 Hadoop。现在 Hadoop 是数据科学家的最重要的工具之一，已经由 Cloudera、Hortonworks、MapR 等公司商业化了。

数据驱动组织的座右铭之一是："If you can't measure it, you can't fix it（如果你无法衡量它，你不能修复它）"。这个态度给人一种美妙的能力来传达这种价值，其方式包括以下几种。

（1）产生和收集尽量多的数据。不管你是做商业智能还是构建产品，如果不能收集数据，你就不能使用数据。

（2）以一种积极和省时的方式来度量你的产品或策略是否成功？如果不去度量结果，你又如何得知呢？

（3）让更多的人来观察数据。任何问题可能只是因为一些简单的原因导致的。更多有经验的专家可以从不同的角度迅速发现问题出在哪儿。

（4）刺激对数据产生变化或者不变的背后原因的好奇心。在一个数据驱动的组织，每个人都在思考数据。

如果试着以上面的心态来收集数据和度量你能做到的每件事，思考自己收集的数据背后的意义，就将会超前于大多数只是嘴上说说的公司。每个人都应该看看数据。

6.1.2 新的互联网环境

过去几年间，网络在很多方面发生了很大变化，其中最显著的变化就是网络变得越来越可视化，而很多变化都是因数据驱动而发生的。

1. 关联数据和更语义化的网络

数据越来越大、越来越开放，网络也因此而越来越成熟，数据仓库的孤立状态被打破时，数据间的关联也就越来越强。今天，无论我们身处何处都能与所有数据相连，网络在我们眼前变得更语义化（即更有意义）。

所谓"关联数据"描述的是语义网对于片段数据、信息和知识进行揭示、分享和关联的实践活动。当以往不能关联的数据现在得以关联，不仅人类，机器也将从中大受裨益。而这通常可以通过如统一资源标识符（URI）以及资源描述框架（RDF，Resource Description Framework）等资源网络技术来实现。

2. 采集数据更趋便利

在互联网时代之前，很多大型企业组织通过被称为抽取、转化和加载（ETL，Extract，Transform，Load）的程序，将他们的数据在不同系统间移动。数据库管理员和其他技术人员通过写脚本或存储过程使这个程序尽可能自动运行。其核心就是，ETL 从系统 A 抽取数据，转换或变换成对于系统 B 来说友好的数据格式，然后将数据加载到系统 B。无数公司依靠 ETL 实现着各种不同类型的应用。

现在，很多成熟的企业正在逐渐用 API 取代 ETL，通过 API 访问数据的方式根据数据使用和采集需要而被优化。在很多情况下，与 ETL 相对，API 只是适合处理更大量数据，移动及 APP 经济意味着与客户交互发生在较以往更为广阔的背景环境。客户和合作伙伴通过大量 APP 及服务与企业进行交互。与传统系统不同，这些新的 APP、它们的交互方式以及它们所生成的数据全都在发生迅速变化，在很多情况下，企业并没有"控制"数据，因此，传统 ETL 不能也不可能胜任。

API 使得企业组织的很多核心业务职能得以完善。第一，它们较 ETL 的方式获取数据更快、更及时；第二，它们使得企业能够（更）迅速地判断数据质量问题。第三，基于创新、问题解决以及协同等理念，开放的 API 总体上倾向于能够促进更开放的心态。API 的运用不仅有益于企业组织，也有益于它们采集数据更趋便利的生态系统——即它们的客户、用户和开发者。

3. 借助云和数据中心更高效

IT 的历史可以被划分为 3 个时代，即主机时代、客户端-服务器时代和移动-云时代。从一个时代迈进另一个时代并非发生在旦夕之间。虽然趋势已不可阻挡，但是主机对于很多成熟企业组织及其运营而言，仍必不可少。然而，在可预见的未来，更多的企业将脱离 IT 业务。例如，亚马逊的网络服务所取得的巨大成功。简言之，越来越多的企业认识到他们不能像亚马逊、Rackspace、VMware、微软 Azure 及其他公司那样将 IT"做"得性能可靠且物美价廉。云时代的基础架构即服务（IaaS）、平台即服务（PaaS），使网络已经变得越来越可视化、越来越高效，而数据也越来越趋于友好。

6.1.3 更好的数据工具

现有的商业智能解决方案以及统计软件包等方面已经取得了很大进步。来自 MicroStrategy、微软、SAS、SPSS、Cognos 及其他公司的企业级应用均已大大提升了他们产品的功能。但是，除了着眼于成熟产品的优化改良之外，要全面领会我们所看到的创新浪潮，必须超越传统 BI 工具来看。云计算、SaaS、开放数据、API、SDK 和移动化等的崛起，已经共同开辟出快速部署和少硬件甚至零硬件需求的时代，而新的用户友好且更强劲有力的数据可视化工具也已经出现，它们共同使得可视化组织能够以更创新、更吸引人的方式呈现数据。

今天，比以前更多不同的强有力的、灵活的、便宜的可视化工具可供各种规模的不同组织所使用，其中还包括可供创业公司建立企业级解决方案的免费网络服务。凭借上述这些工具、服务和市场，员工们通过他们的数据讲述动人的故事，使得人们采取行动并制订更好的商业决策。而且，借助这些工具，员工们无需成为专门的技术人员或程序员就能对不同类型和不同来源的数据实现即时可视化。具备合适的工具，可视化组织正在探索隐藏的以及新呈现的趋势，可以便捷地与数据进行交互并分享数据。他们能够判断藏身于大量数据中的机会和风险，他们做到这些无需 IT 部门的强力参与。

6.1.4　更透明的组织

事实上，很少有公司真的喜欢信息透明和信息共享，在绝大多数办公环境中，信息对企业的可见性也严格限定于高层管理者通过内部会议、E-mail、标准报表、财务报告、仪表盘以及关键绩效指标（KPI）等方式来实现。总体来说，默认为只在"需要知道"的基础之上进行共享。

但是，认为与员工、合作伙伴、投资人、客户、政府、用户以及市民共享数据是不可思议的，这样的想法已经一去不复返了。现在更常见的是，越来越多的高级管理层及公司创始人相信透明度越高带来的效益越显著。数据透明度越高带来的三大好处如下。

（1）企业数据质量的提升。

（2）避免不必要的冒险。

（3）支撑全组织层面的共享和协同。

越来越多的先进企业组织认识到透明的好处远远超过其付出的成本。他们开始拥抱新的默认运作模式——共享数据。不难想象，不远的将来，协同和完全透明的企业将能够为其员工——也可能甚至是其合作伙伴和客户——提供了解企业正在发生什么情况的360°视图。

即使是那些拒绝更开放办公环境的组织，因为有更好的工具和信息访问方式，因此不顾行政约束，总体上也有所突破并受到民主化影响，导致保护数据隐私在今天说起来容易做起来难。

6.1.5　竞争新态势：有样学样

每当一家成功的上市公司推出一项新的产品、服务或功能时，它的竞争对手会格外关注。情况一直都是如此。通常，遵照相关专利、知识产权以及政府法令等，推出一项跟风的有形产品可能需要花费数年之久，而一项数字产品或功能的仿制通常只需数天或数周，尤其是当一家公司根本不在乎专利索赔时。

实际上，亚马逊、苹果、Facebook 以及谷歌这 4 家巨头公司的产品及服务已经无处不在，而每家公司都互相关注着其他公司的一举一动，它们也绝不会因为"借用"其他公司的功能而有所羞愧。这种竞争心态并不局限于这四大巨头公司，已经蔓延到推特、雅虎、微软以及其他技术翘楚。例如，Groupon 在最初的短暂成功后所发生的事情——亚马逊、Facebook 和谷歌立刻添加了自己的类似每日特惠（Daily Deal）。还有，正如在导言中所介绍的，Facebook 于 2013 年引进推特的类似功能，如视频分享 Instagram、认证账号以及话题标签等。Facebook 的 12 亿用户不必非得做些什么来获取这些新功能，它们只是自动出现在了那里。

社交网络能够迅速推出新的产品功能并自动更新，而软件厂商也越来越多地借助网络向其客户迅速推出新的功能。例如，Salesforce.com 等公司很大程度因为 SaaS 的普及而使其市值升至数十亿美元。如果 Tableau 最新发布的产品包含了一个新的流行功能，其他厂商通常也会一拥而上迅速加以模仿，并呈现在其用户面前。现在软件厂商们如果希望其客户升级版本并使用新的功能，已经不再需要等待产品的下一版发布。

6.1.6　元数据和源数据

　　所谓元数据（MetaData）是描述数据及其环境的数据，它是描述数据属性的信息，用来支持如指示存储位置、历史数据、资源查找、文件记录等功能。换句话说，元数据是关于数据仓库的数据，指在数据仓库建设过程中所产生的有关数据源定义、目标定义、转换规则等相关的关键数据。同时元数据还包含关于数据含义的商业信息，所有这些信息都应当妥善保存，并很好地管理，为数据仓库的发展和使用提供方便（见图 6-3）。

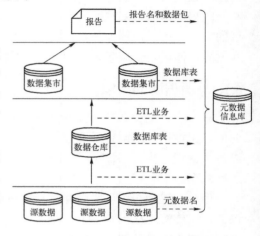

图 6-3　元数据和源数据

　　以安全部门获取的通信信息为例，通信信息通常包括通信内容，而元数据是指通信信息所有的电话号码和呼叫时长。在这里，有效的数据可视化通常不仅包括通信信息，还包括元数据。例如，对于照片的数据可视化可能要表示出每张照片在哪里，在什么时候拍摄，照片主题或标签，照片在哪里（如 Facebook、Instagram 等）发布以及诸如此类的信息。

6.2　典型的可视化组织——Netflix

　　Netflix 是美国的一家流媒体视频服务提供商，主要从事在线影片租赁业务（见图 6-4）。公司能够提供超大数量的 DVD 供顾客快速方便地挑选影片并免费递送。Netflix 大奖赛从2006 年 10 月份开始，公开了大约 1 亿个 1～5 的匿名影片评级，数据集仅包含了影片名称、评价星级和评级日期，没有任何文本评价的内容，比赛要求参赛者预测 Netflix 的客户分别喜欢什么影片。2015年 8 月 4 日，Netflix 宣布于 9 月 2 日正式进入日本市场。2016 年 1 月 18 日，Netflix 宣布计划在中国推出流媒体视频服务。Netflix 已经成为世界级最大的大数据公司之一。

图 6-4　Netflix

6.2.1　创办 Netflix

　　1997 年 Reed Hastings 和 Marc Randolph 创办了 Netflix，最初只是开展通过邮递租借DVD 的业务。那之前，要租借视频必须亲自去连锁实体店，左挑右选，希望在现有存货中有所斩获。很多客户找不到他们想要的片子。当他们找到后，又经常因迟还视频而交滞纳金。2000 年，Blockbuster 实体店收到了将近 8 亿美元的滞纳金，占到其全部收入的 16%。

　　Hastings 和 Randolph 相信，视频租借模式已经成熟并走向衰落。更重要的是，他们已经构思出更好的计划。Netflix 提供免费邮递、不收滞纳费、大量可供选择的片名，并且提供一个简单界面，客户可依此管理自己的视频排序——全部都以一个可支付的价格提供。于是，"红包"邮件开始到处出现。

即使当 Netflix 已经开始启动，视频租赁实体店作为当时的老牌 DVD 租赁公司，可以想象得到，他们对于通过邮递租 DVD 的想法嗤之以鼻。这在当时简直就是"创新者两难境地"的经典案例。传统的想法认为，客户不可能吃 Netflix 这一套模式，他们不会想要花上几天工夫等着要看的视频通过邮递到达。还有，邮件会丢失；邮递会增加成本；DVD 会损坏；客户会偷窃。总之，通过邮递租 DVD 绝对行不通。

而最终的结果是，那些曾经著名的视频租赁实体店到如今不是倒闭就是宣布破产，都已经关门大吉。

6.2.2 Netflix 自我颠覆

虽然 Netflix 颠覆了那些传统的连锁视频租赁实体店企业，同时它也奠定了颠覆自己的基石——尤其对其所提供的通过邮递租赁的 DVD 业务而言。用硅谷的流行行话来说，这家公司已经在走下坡路了。于是，Netflix 在 2007 年开始流视频业务。

随着实物 DVD 向流媒体的转变，Netflix 管理层意识到其客户生成了多得令人难以置信的数据——还不仅仅是有关谁在看什么节目的数据。据说，Netflix 一直深谙数据的重要性，除所看节目之外，现在它还在收集订户尽可能多的信息，包括以下几个方面。

（1）通过地理定位数据，发现客户在哪里观看视频。

（2）客户通过什么终端看视频。

（3）客户什么时候观看视频——星期几和具体时间。

（4）在有限范围内，当客户观看视频时正在做什么（Netflix 跟踪客户每次看电影或电视节目的后退、快进和暂停行为）。

但是 Netflix 并不满足于此，它也从诸如 Nielsen 等第三方购买元数据，从 Facebook、推特及其他网站采集社交媒体数据。对 Netflix 来说，其最独特的做法就是采集数据。以下是 Netflix 一些激动人心的统计数据（如今已远超以下数据）。

（1）超过 2 500 万用户。

（2）每天 3 000 万次播放。

（3）仅 2011 年最后 3 个月期间所产生的流视频超过 20 亿小时。

（4）每天 400 万个评分。

（5）每天 300 万次搜索。

Netflix 的基础架构是依照不同规模、速度、大数据和复杂算法等进行建设的，因此，即使不是实时的，Netflix 也能跟上数据的更新速度，快速进行统计汇总。

从结果来看，Netflix 的成长可谓迅速（无论从其股价还是订户数来看），它已经区别流视频和实物 DVD 从而有效拆分为两个业务。Netflix 流服务的订购用户已经是其通过邮递租赁 DVD 业务用户的 3 倍，其中 70%的订户所观看的是电视。总之，3 300 万订户每月观看 Netflix 内容流时间共达 10 亿小时。令人震惊的是，现在 Netflix 的流业务占到北美全部家庭夜晚所产生全部互联网流量的 1/3 左右。

若没有足够有力的基础平台和工具来处理数据洪流并将数据可视化，Netflix 也就不可能

取得今天的成功。可视化组织认识到，对一种新商业模式的采纳，更像是一个方程式的改变，这么一种"转变"几乎总是需要采用新的更强有力的数据管理工具。

6.2.3 大数据整合战略的构成

2012 年 12 月 25 日圣诞节，当 Netflix 流业务停止工作时，很多美国人在推特上发布了这件事。微博业务因#fail 标签而暴增（看看那天的一条常见推特：现在我不得不跟家人谈话？可是我想看××节目。劳驾，Netflix！）。然而，实际上，这个问题跟 Netflix 一点关系都没有。长话短说，这个事故，是一位亚马逊员工从亚马逊网络服务的流量配置系统不小心删除了关键数据，于是，混乱接踵而至。

这个小故障及其所引发的后果表明了 Netflix 依赖 AWS（亚马逊网络服务）的程度至深。若没有 AWS，Netflix 也就不能提供如此多流内容到虚拟的或现实的世界。实际上，Netflix 很长一段时间以来已经是全球最大的 AWS 客户，据报道，它使用这项服务的量已经超过亚马逊本身！正如 Ashlee Vance 在《彭博商业周刊》上所写：

Netflix 是全球最大的云计算用户之一，这也就意味着它在别人的设备上运行着一个数据中心。这家公司按小时租用服务器和存储设备，并且其计算能力全部从 Amazon.com 的云计算部门租用其提供的亚马逊网络服务，这个部门自己也运作视频流业务并与 Netflix 形成竞争。

亚马逊和 Netflix 是一对典型的"友敌"，他们既互为合作伙伴又互为竞争对手。但是 Netflix 也不仅仅使用 AWS 提供的数据管理功能，相反，正如 Vance 所指出的，"Netflix 已经建立了一系列复杂工具使其软件能够在亚马逊的云上运行良好"。确切地说，亚马逊也认识到这些应用的价值，并模仿很多 Netfilix 的先进做法然后将其向其他商业客户推广。

虽然很多技术都是专用的，但 Netflix 还是定制了大量开源软件支撑其业务的关键部分运作。从 Netflix 的基础技术设施来看，开源软件扮演着重要性仅次于 AWS 的角色。银幕背后，Netflix 与 Hadoop、Hive 和 Pig 一样在开源大数据中处于举足轻重的地位。

每个新的应用和改善都使 Netflix 更接近其最终目标，换言之，Reed Hastings 并不满足于仅仅对他的客户目前正在做什么——消费大量的内容——做出判断。跟很多企业一样，Netflix 也在寻求着做出准确预言的能力；与很多企业不同，Netflix 确实拥有基础平台和数据来实现其想法。

Netflix 采集并分析大量数据，这直接强化了其对于客户下一步想要观看什么进行预测的能力。公司的高级数据科学家 Mohammad Sabah 说："一旦摄制人员名单开始滚动，意味着（公司）已在采集 JPEG 和注释数据。"更重要的是，Netflix 还会考虑其他没那么明显的数据源。不久的将来，Netflix 可能基于诸如电影声音甚至风景等因素来进行推荐。这些电影或节目的元数据能为 Netflix 提供更深入了解其客户想看什么更有价值的洞察。所有这些洞察都传递到其对大量内容采集的决策中。

6.2.4 Netflix 文化灌输

在诸如 Netflix 数据驱动的环境中，数据可视化扮演着重要角色。根据其企业博客，Netflix 将数据可视化视为最重要的元素。很多 Netflix 的主系统都包含数据可视化这一元素。与其他可视化组织一样，Netflix 也以常规、持续而非临时、偶尔的方式在使用着数据可视化工具。即 Netflix 员工常规性地通过观察现有的数据可视化工具改进算法、获得新洞察并解决棘手的业务问题。

公司数据平台架构经理 Jeff Magnusson 在 2013 年 6 月 27 日的 Hadoop 高峰会上演讲，列举了 Netliix 数据理念的 3 条关键原则。

（1）数据应该可采集，且易于为人们所发掘及处理。

（2）无论数据集是大还是小，要能将其可视化并使其更易于解释。

（3）数据发掘所花时间越长，其价值变得越小。

这些原则解释了 Netflix 之所以成为可视化组织典范的根本原因。其商业核心一定建立在一些全球最复杂的大数据工具之上，而其中肯定不乏数据可视化应用。立足一个更高层面来说，这些工具为两个关键团体的利益服务：一个是客户，另一个是技术专家，也意味着最终使包括管理者、投资者、非技术员工及其他在内的所有人受益。

1. 客户洞察

Netflix 会进行不同电视剧受众构成的彩色详细图解分析，准确地对这些差异进行定量化。更重要的是，Netflix 还能发现它们是否对订户的观看习惯、推荐、评分和偏好存在显著的影响。

在 Netflix，对比相似图片的色度并非是由空闲时间的员工所开展的一次性实验，而是一项常规性工作。Netflix 认识到在这些发现中存在巨大的潜在价值。说到底，这家公司已经建立了能够揭示这一价值的相关工具。在 Hadoop 高峰会上，Magnusson 和 Smith 讲到了标题、颜色和受众的有关数据如何在各方面助力 Netflix。例如，色彩分析使得这家公司能够测算与客户之间的距离。用 Smith 的话来说，也即可以判定"每个客户在最近 N 天 216 向量的平均标题颜色"。可以大胆猜测，能做到这样的公司很少。即使对其客户只是了解到 Netflix 所了解程度的一半，相信很多公司也会很高兴。

通过大数据和数据可视化，Netflix 将其令人难以置信的个性化无缝落实到每个客户身上。同时，Netflix 还能很方便地对有关客户、风格、观看习惯、趋势及其他任何方面进行数据汇总。因为具备这些数据，Netflix 能够回答大多数公司不能甚至问不出来的问题。有关颜色和受众覆盖方面，包括以下问题。

（1）特定的客户群存在向特定受众覆盖类型变化的趋势吗？如果是这样，个性化推荐是否应该自动变化？

（2）哪种标题颜色吸引哪些客户？

（3）一部原创剧是否存在理想的受众覆盖？或者说，是否需要将不同的颜色用于不同的受众？

……

简单来说，Netflix 能够基于优秀数据、数据可视化和对两者重要性的文化共识，提出更好的问题并做出更好的决策。

2. 更好的技术性和网络化诊断

虽然 Netflix 已经创建了一些全球最强大的大数据工具，但它并没有止步于此；它还在不断开发出新的所需工具。例如，由于特定脚本的原因，导致 Apache Pig[1] 原始代码理解起来

---

[1] Apache Pig 是对很大的数据集进行分析的平台。它包括表达数据分析程序的高级语言以及评估这些程序的相应架构。Pig 程序最突出的特点是，它们的架构使其能够适应大量并行运作。

很困难。Netflix 通过一个名为 Lipstick 的可视化工具解决了这个问题，通过这个自己开发的程序将代码转换为有向无环图，也即 DAG，这使得在大型项目中更容易发现错误。而图表方式也使得开发人员能够对正在执行的 MapReduce[1] 工作进行察看。这就是可视化组织的基本真相。简单来说，即使是技术人员也能从可交互的数据可视化中获益。通过 Lipstick，负责建立和维护企业平台的人员可以更好地理解以下内容。

（1）哪些工作已经安装。

（2）用户能否看到他们想要的数据。

（3）为什么一项工作没执行成功？

（4）新出现的趋势。

发现新趋势的能力不容小觑，尤其是对于 Netflix 这样拥有 3 000 万订户的公司而言。Netflix 不是如 AT&T 这样的企业，它不能强迫客户签订苛刻的、高惩罚性的两年合约，Netflix 的订户是按月支付的。Netflix 通过关键元素（变量）的数值能够实时判断其订户使用模式。

毋庸置疑，Netflix 能够实时添加订户所在位置、人口统计及设备等有关的新增变量。除需理解客户偏好和观看习惯之外，Netflix 的人员还需与数据进行交互以对系统问题进行调查。

综上所述，关于 Netflix 对其订户所有层面的基础信息的了解程度，相信你已开始有所感受。例如，Netflix 知道它的哪些客户在哪里通过什么设备在看哪些节目，甚至还知道其中原因。当然，单是通过数据可视化并不能了解到这个层面的知识。然而，假如不是拥有强大的数据可视化工具，我们很难想象 Netflix 能发展成我们现在看到的这样，也很难认识到这些工具对于其业务运营至关重要的作用。Netflix 一直保持着前进步伐，不断创建新工具供客户使用。

6.3 创业公司的数据可视化

像 Netflix 这样的巨头公司确实能力非凡，但是，一家单独的创业公司是如何拥抱可视化组织的理念，如何将创业数据可视化做到很好呢？事实证明，即使收益颇低，员工数量很少，一家公司对实现数据可视化的认识和心态，至少在某种程度上，可以战胜其资金和人力资源的缺乏。

6.3.1 Wedgies 的创业

由 Jacobson 和 Porter Haney 于 2012 年创建的 Wedgies 公司，本部在内华达州拉斯维加斯市，是一家 5 人创业公司，其产品让用户通过推特能够很容易地创建简单调查。这家公司的使命就是帮助世界消除烦人而笨拙的调查。Haney 这样描述公司的起始："Jimmy 和我坐在餐桌旁，想要为我们周围的人创建一些有用的东西。我们看到人们在推特和 Facebook 上询问大量的问题，然后回收开放式的答复，于是决定创建 Wedgies 实时对这些答复进行汇总并可视化呈现。"

就像今天很多的消费者服务一样，Wedgies 已经拥抱免费增值模式。任何人只需点击几下就可免费获取简版 Wedgies。免费选项包括以下内容。

（1）品牌定制化：客户能够改变图片和色彩，以更好地反映个体品牌特色。更完善的分

---

1 MapReduce 是利用并行分布式算法集群处理大型数据集的编程模型。

享：客户可以在其自身网站进行投票，而不再局限于 Wedgies.com 网站。

（2）编辑：客户可以创建 5 个以上选项以及多项选择问卷。

（3）欺诈防范：Wedgies 利用算法对重复投票进行监测，保障客户可以采集到质量更好的数据。

6.3.2　用户体验至高无上

网站成熟化的结果之一就是设计和用户体验（UE，User Experience，指当使用某产品、系统或服务时某个人的感觉）已经成为白热化话题。Web 1.0 的时候，人们访问网站的原因只是因其新奇或没有其他可替代物。过去几年间，我们已经看到围绕消费者导向的网站、服务、设备、内容和 APP 等的真正季风正在刮起。在这个行家云集的环境里，差异化是必需的，而优秀的 UE 则成了潜在的终极手段。

对于 Wedgies 来说，要获得任何牵引力，它不仅需要易于使用而且必须怡人耳目。Wedgies 设计得不仅让人耳目一新，而且让创建和分享简单到毫不费脑。只需一次点击，Wedgies 用户就可以创建调查，下载高质量 PNG 格式的可视化图片，并且很便捷地与朋友及在他们的社交网络上进行分享。用户还可以通过多种方式快速地利用他们的调查结果。

创建公司之前，Haney 和 Jacobson 已经做了相关研究。他们知道人们的思维习惯于识别和认知人脸。Jacobson 说："在可视化中通过利用人脸能够帮助我们迅速聚焦于有趣的趋势之上。"Wedgies 在其可视化中根据两种标准对人脸进行分类。首先，用户在调查中选了哪个选项？其次，所有人都一起扎堆投票吗？Wedgies 将后者用户群称为敌友（Frenemies），原因是，他们不可能总是意见一致，但他们会对同类调查进行投票，而且很显然，他们会互相分享调查。

通过利用人脸和地理信息，Wedgies 发现了一些有趣的事情：它的用户花费更多的时间用来观察他们面前的数据。这样一来，网站黏性上升，并且激励其他用户继续使用 Wedgies——在这个拥挤的世界里，这可并非易事，因为注意力已经成为一种珍贵的财富。

创建一个 Wedgie 实在好玩，它可以满足人们的好奇心，但更多的人是出于职业的目的而利用 Wedgies 来采集有价值的信息。例如，2013 年 7 月 28 日，《今日美国》记者 Jeff Gluck 正在报道印第安纳波利斯赛道的 NASCAR 赛事，跟大多数比赛不同，这次比赛在泥土路上进行。Gluck 创建了一个 Wedgie 询问他的关注者们是否喜欢新的路面。图 6-5 展示的就是这个 Wedgie。

图 6-5　对 NASCAR 赛事的调查

在 Gluck 创建有关 NASCAR 的 Wedgie 不久后，访问暴涨，15 分钟之内，他收到的响应超过 1 400 个。在赛后新闻发布会上，Gluck 还利用这个方式来确定向赛车手提什么问题。实际上，Wedgie 使得他能够采集数据并将他的工作做得更好。

6.3.3　应用开源工具

虽然在规模上几乎不能跟 Netflix 相比，但是 Wedgies 与流视频巨头具有的共同特征远超人们的想象。每个企业都以类似的概念方式建立了自身的基础技术平台。就 Wedgies 方面

而言，一个单独的 Wedgie 所产生的响应是 10 个抑或 1 000 万个都无所谓。跟 Netflix 一样，Wedgies 的设计立足更长远，它不需要定期进行代码维护。

让我们来看看 Wedgies 利用不同的数据可视化工具处理其运营的一些具体方式。

公司借助于免费开源工具 Google Analytics 及其内置仪表盘。无数个人和企业都在利用 Google Analytics 以了解它们的流量来源、最受欢迎的网页以及人口统计构成等诸如此类的信息。它更适合目前 Wedgies 的商业需求。至于后者，Jacobson 利用的是 D3 开发工具及其开源的图表库。

Wedgies 的数据可视化工具让其员工能够了解传统表格数据中不容易出现的问题和趋势，并能够给出所需的答复。用 Jacobson 的话说，"社交数据就是这方面的最好例子。虽然能很容易看到某人有多少推特粉丝，但这类基本数据不能告诉我们那人粉丝的参与程度如何。即使是推特的转发数量也说明不了什么。"换言之，没办法真正知道转发推特的人是否阅读了相关内容或参与的方式是否有意义。看见一个行业领域专家通过 Wedgie 来比较一个在推特上拥有成千上万粉丝的品牌能获得更好的参与度，实属平常。

当 Gluck 的 NASCAR 调查产生反响时，幕后的 Jacobson 也能看到正在发生的事情并几次做出反应。他查询 Wedgies 的内部数据可视化工具以及 Google Analytics 测算网站性能并查看其可视化指标。回顾 NASCAR 调查，Jacobson 说道：

我们知道 Gluck 是一位在推特上有很多粉丝的 NASCAR 记者。他注册我们的网站之后，我们看了他的粉丝数量，但是我们没料到他的推特粉丝会如此热情地参与。Gluck 创建了他的 Wedgie，我们的仪表盘显示出有大量投票迅速进来。我们查询 Google Analytics 后确认那个时候我们网站上有 500 多人在线。超过一半的点击来自移动设备。30 秒后，我已经调大我们的云服务器带宽以处理大量上传，我们看着数据如潮水般涌进。

Wedgies 完全理解了作为可视化组织基本标志的数据可视化的重要性。只有当我们能看到正在发生着什么事情的时候，我们才可以实时做出反应。如果 Jacobson 没有监测 Gluck 的 Wedgie 状态，也没有通过亚马逊网络服务 AWS 有针对地做出应对，那么，调查崩溃是完全有可能的，而这一过程对 Wedgies 的品牌必然造成损害。

Wedgies 是否应该继续成长，获得更多客户和筹集更多资金，Jacobson 和 Haney 将做出是否购买——或，更像是，租赁——其他更强有力、更具意义分析应用的评估。

就前端而言，Wedgies 的可视化设计帮助用户能够对其调查创建生动而简单的数据可视化。而幕后，这家公司利用复杂但廉价的数据可视化工具管理其业务，同时为企业的未来成长和专业化奠定了基础。作为一个颇具天分的程序员，Jacobson 和 Haney 并没有在核心技术上花费数百万美元让 Wedgies 鹤立鸡群，但这家公司正在为基于其基础架构和文化开展数据探索而铺设未来之路。这就是可视化组织的标志性特征。

6.4　可视化组织的四层架构

不同的组织利用不同类型的工具将数据进行可视化。对于数据可视化，并不存在一个被全部企业普遍接受的或"正确"的方式。这并不足为奇，总之，对于德克萨斯大学、Netffix 和 Wedgies 来说，他们的商业需求、目标及预算并非完全一致或相同。因此，每个组织用来进行数据可视化的方式是不同的。

可视化组织利用数据可视化工具主要完成的工作如下。

（1）帮助员工了解什么已经发生、什么正在发生、什么将要发生，当然，可能的话，以及为什么发生。

（2）从现有数据库和数据源中揭示新的洞见。

（3）诊断并确定新出现的问题。

（4）对他们的数据提出更好的问题。

数据和数据可视化固然重要，但是光凭其自身，不能也不可能促成收益或利润的产生。对于任何企业，还需要综合其他很多自变量，成功永远都是领导力、产业、公司规模、竞争格局、组织文化、专利、资本获取、人力资源和运气等因素的综合产物。

数据可视化应用总体上代表的是前端（即大量员工与用户可在之上进行直接交互的地方），但是其幕后，大数据需要组织能够部署一些后端工具，这些工具与传统上用于管理结构化数据的数据仓库和关系型数据库截然不同。

创业公司 Wedgies 和巨头公司 Netflix 在很多方面都不相同，巨大的差异中包括所产生数据的量，但不包括人员规模和投资来源。相比较，Netflix 能够揭示其订户的更多信息，公平地说，大多数企业在了解自身客户方面都不能与 Netilix 相比。但是同时，这些公司具备了一些共同的理念和技术，都认识到大数据和交互式数据可视化的重要性。

表 6-1 表示了一个可视化组织的分级方法，据此，Netflix 可以定义为是一家级别为 4 的可视化组织，也即最高级类型。

表 6-1　可视化组织的五级架构（复杂程度以降序排列）

级　　别	所使用数据类型	所使用数据可视化类型
4	大数据	交互式
3	大数据	静止式
2	小数据	交互式
1	小数据	静止式
0	无	无

企业组织可对有上千万条记录的数据表（小数据集）利用静态数据可视化工具来创建标准报表，这其实并不难，然而，大数据则是完全不同的游戏，要从 PB 级的非结构化数据中获得洞见和价值，则通常需要使用新的交互式的数据可视化工具——必要的话，从小处着手创建相应的工具。

1. 局限性和明晰性

组织从任何类型数据中可获得的价值几乎是无限的，大数据可收获更精准的预测，但是显然它不可能预测任何事情。还有，大数据能提供小数据所提供不了的洞见和答案。尽管大数据和交互式数据可视化的理论局限性在今天仍然存在，但亚马逊、苹果、Facebook、谷歌、推特和 Netflix 等企业今天正在使用大数据所做的事情，即使在数年前还是根本不可能做到的。

其次，组织可能期望当它们拥抱交互式数据可视化和大数据时能实现更大的价值（一些价值可能是逐渐产生，一些价值可能是迅速产生）。换言之，不管其数据可视化工具是什么，对任何一家企业来说，小数据的作为总归有限（级别 2）；大数据和静态数据可视化工具也是同样的道理（级别 3）；而如果利用大数据和交互式工具的话，一家企业可做的事情就很多。

还有，五级架构强调的是潜在价值，而非真实或预期价值。一家成功将大数据可视化并且部署了交互式工具的企业可能永远都不能见识两者的（完全）价值。大量的因素会阻碍其价值的发挥，包括某种形式的丑闻、功能失调的文化以及糟糕的领导力。

2. 进步性

一个组织如何从一个级别升到另一个级别？简单来说，这需要时间。例如，我们看到德克萨斯大学是如何经过近 3 年时间从级别 1 升到级别 2 的。也就是说，它的"升级"是综合了管理者承诺、员工认同以及 SAS 可视化分析应用部署等因素的最终结果。

一个组织在"升级"到级别 2 之前不一定就要"完成"级别 1，架构中所隐藏的含义是，组织的不同构成部分可以同时在不同层面运作并达到不同程度的成功。但是，那也不是说这些层面之间是完全独立的，其实它们之间互相关联。例如，如果一家公司正挣扎在级别 1 上，则很可能它对级别 4 也不太擅长。

相对大数据来说，小数据简直易如反掌。既然某些部门间依然会存在差异，建议组织不如在对级别 1 和级别 2 具备了一定驾驭能力之后再来筹划大数据大局。

一家公司可以在一个既定层级内随时间变化而提升，就像 Netflix 所做的那样，级别内和级别间的进步是不可避免的。

组织内并不需要所有部门都在同一层面运营。更重要的是，每个部门或团队可能都不在同一层面——或说同一层面内同一水平点上。

3. 补充，而非替代

架构的四个层面（级别 1~4）并非相互独立，实际上，最好将它们想象为互为补充，而非替代。大数据即使再强大，也不能取代对客户、产品和员工清单（即小数据）等进行智能管理的需求。亚马逊确切地知道谁购买了什么，并通过从产品评论、浏览习惯及其他信息中获取的洞见来进一步增强这些交易信息和知识。

4. 累积优势

四层之间是相加和指数式的关系，更重要的是，它们导致累积优势。因此，四个层面的运作更像是网络的流行效果。

Netflix 在架构四个层面的每个层面都很成功，数据和数据可视化已经成为公司 DNA 的构成部分。Netflix 的人力和技术资源赋予它巨大的竞争优势，而这阻止了很多企业家、现有企业以及风险投资公司等对其的抵抗。

5. 相关性和子层面

此框架使组织间的对比成为可能。例如，一些组织做大数据比其他组织好。将亚马逊、苹果、Facebook、谷歌和推特放在级别 4 中较微软、雅虎、甲骨文和戴尔更高的位置。但是这不意味着，后面 4 家公司客观上在大数据方面"糟糕"，仅仅是将前面的每家公司放在级别 4 的更高位置而已。

6.5　建立可视化组织

一直以来，热爱技术挑战的人利用强大的数据可视化工具进行数据切片和钻取操作简直易如反掌。他们能够随意添加新的维度、新的数据源、各种元素和图片，并乐此不疲。但是，成为一家真正的可视化组织需要的不仅仅是购买并部署一些软件，还需要一些关键数据、设计、技术及管理经验。

6.5.1 数据提示

建立数据可视化，虽然设计、企业文化和技术等诸因素都很重要，但是，其中最重要的是数据。简单来说，没有数据也就没有数据可视化。要成为可视化组织，需要考虑重视数据相关的提示。

1. 数据可视化是起点

当处理小数据时，要看到什么正在发生通常并不困难。传统的商业智能（BI）和报表工具只需处理相当小数量的结构化数据就足以解释什么正在发生。但是，对于大数据来说，事情就没有这么简单，这取决于数据及你通过数据想要做什么。

可视化不能讲述全部故事，它帮助我们"知道在哪里看以及向数据提出什么问题"。也就是说，如果我们不知道在哪里最适合建立模型，我们也就不可能建出复杂模型。可视化给了我们一些诸如此类的洞见。

小数据通常指的是传统 BI、报表和数据挖掘等工具所处理数据的范畴，利用数据立方体和数据仓库，即使处理非常大量的结构化、交易型的关系型数据，也非常容易。虽然大多数数据可视化应用能够处理非结构化和半结构化数据，可视化组织仍然能够认识到所有类型数据的重要性。在很多情况下，小数据能够提升从大数据获取的洞见和价值，反之亦然，所以两者之间不是互相替代而是互为补充。

元数据对于结构化数据和非结构化数据的理解和解释都同样重要，它使得组织能够更好地理解这些数据的形式和来源，并最终据此采取行动。元数据对于结构化和非结构化数据的补充作用越来越强，也越来越重要。即使你能够很便捷地对主数据源进行可视化和阐释，也还是应该对元数据进行采集、分析和可视化。结合元数据，可以大大提升自己对源数据的理解。

外面还有很多很好的数据，存在于公共的和私有的来源中。政府数据库也是开放的，其中所蕴含的有价值信息远超大多数人所认为的。联合调研——跟踪、预测和调查——确实丰富但难以发现并迅速从中获取洞见。而来自客户调查的数据，无论来自内部还是外部调研厂商，通常也是以静态形式交付。因此，这些数据大多最终雪藏于硬盘驱动中，并没有更好的方式对此进行调查、比较以及之后的获取——更不要说关注底层数据的更新。

2. 可视化好的和差的数据

可视化组织认识到数据可视化可能包括差的、可疑的、重复的或不完整的数据。实际上，数据可视化较人工看着键盘打字的方式能够使用户更容易识别可疑信息，并更快清洗数据。数据质量提升是连续性的而非二元化的工作，利用数据可视化可以帮助提升数据质量。

3. 支撑钻取能力

出于隐私原因，很多开放的数据基本上都不会包括姓名和社会保险号等个人身份识别信息，但也有例外，例如人们相信公共安全的利益超过了个人对隐私权的要求。

例如，亚马逊这样的公司对于数据的管理和保护也十分严密，其作者中心仪表盘允许作者查看每个标题按地区和日期的销量，但不能按实体（即按个体身份识别的客户）查看销量。出版社也缺乏同样的能力。但是，某个具体的亚马逊员工能够很容易地判断哪些客户购买了哪本书。正是这些数据奠定了 E-mail 营销计划执行高成功率的基础。

可视化组织懂得迅速钻取的能力是必要的，除了解答用户或客户的具体问题之外，同时提供详细的数据，通常还能够对有问题的发现加以验证。它能够回答简单但不可回避的诸如"真的？"这类问题，因为可视化组织懂得，若有需要，能够很方便地展示出相关支撑信息是再好不过的。拥有它而不是需要它，总归是好过需要它却不具备。

4. 深入数据的窗户

数据科学是个交互的过程，它始于我们所研究体系的相关（几个）假设，然后我们分析信息。分析结果让我们否定最初的假设并完善我们对数据的理解。当面对数千个字段和数百万行数据时，能够通过更直观的方式快速否定糟糕的假设，这十分重要。就像数据可视化可以帮助分析人员与非技术出身的听众进行沟通一样，数据可视化还可以帮助数据与分析人员进行沟通。

6.5.2 设计提示

可视化组织认识到，将数据进行可视化的方式很多，在可视化工作开始之前，应考虑图6-6 所示的建议。

图 6-6 只是用于数据展示的起点；它还没能反映所有可能图表或数据可视化的类型，这是一种将主题按地域分布的展示图，根据统计变量指标按比例以阴影或图案的形式展示在地图上，包括人口密度、失业率及国民人均收入等。

（1）尽可能做减法：考虑帕累托原则（80/20 原则）——创建简约产品，80％的用户只用到产品功能的 20％。可视化组织理解最好的数据可视化与智能产品设计具备很多共同点，不能仅仅因为可以添加更多东西就应该添加进去。繁杂的视觉会导致枯燥、混淆以及糟糕的决策。

（2）UE 参与和试验至关重要：可视化组织懂得，设计的过程很少是线性前进的过程。理论上或原型看起来很美，实际不一定就很美。有的时候，需要反复多次才能正确。

（3）鼓励互动：基本的静态饼图等都能够讲述故事，但是可视化组织明白，即时数据可视化工具能够支撑较高程度的互动、移动和动画。技术进步使得用户可以玩数据，并发现不同变量之间的新关系。只要有可能，可视化组织创建的数据可视化都能够支撑互动，互动功能使得用户便于迅速提出并回答问题，最后，支撑其做出更好的决策。

（4）谨慎使用移动和动画：一些时髦的东西不能为添加而添加，因为这除了会混淆用户视听之外，过多的效果和因素还可能对不同设备引发一些技术问题。

（5）使用相对数而非绝对数：可视化组织懂得，缺乏来龙去脉的数据可视化最终将深受其害。只留下用户在那里问："跟什么比较？"例如，一个有 5 万条回应的 Wedgie 对于一个普通公司而言可能已经是很大量的，但是对于 Netflix 而言，一部热门电影在某个周末发生同样数量的评论可能也就被当成个小不点而已。可视化组织懂得，没有讲出来龙去脉的数据可视化并不完美。不要让客户或员工从缺失的设计元素中寻求意义，这将增加制订糟糕商业决策的几率。

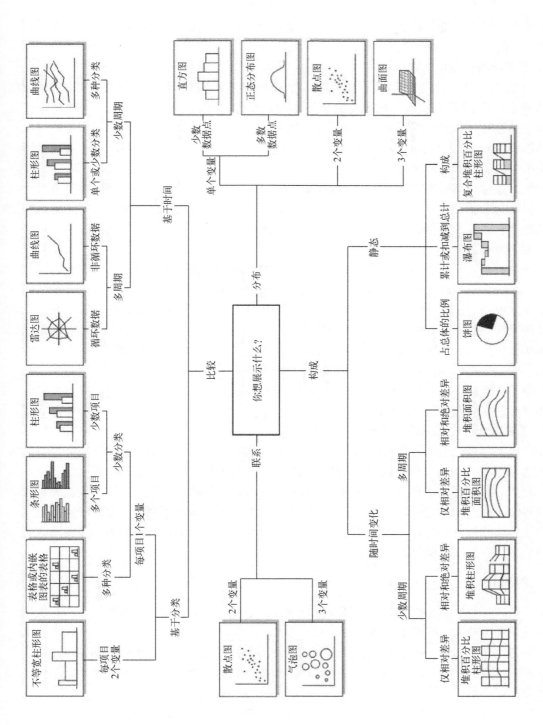

图 6-6 图表建议

6.5.3　技术提示

数据和设计并不能存在于真空之中，如若没有当前技术的迅速发展，对于那些数据处理的需求，人们一定会受到严重的局限。

1. 尽可能考虑使用 API

ETL 的大势已去，但对于无数组织来说，它仍在起作用。在可预见的将来，大多数组织都将兼顾多种数据采集手段。正因为具有强有力、高速和灵活等特点，API（应用编程接口）越来越流行。我们可以来假设这种情况：如果一个组织能够创建或使用 API，同时又能解决所涉及的安全、法规或技术问题，那么它一定应该用 API。Netflix、Wedgies 及其他可视化组织对此的理解极为深刻。

API 支撑对具体业务的封装，促进整体维护和应用，写得好的 API 能够对具体任务进行分解，以此提升扩展性和重用率。因为 API 的本质特点是对信息提供直接接口，尤其是有专业领域专家进行开发和维护，其数据质量也能因此得以提升。

2. 拥抱新工具

当今的组织还只是利用为处理结构化交易型信息（即小数据）所设计的应用来进行大量工作。幸运的是，选择颇为丰富，Hadoop、NoSQL、亚马逊网络服务（Amazon Web Services，AWS）及诸如此类的服务，已成为处理 PB 级非结构化数据的更好的装备。

从更高层面说，可视化组织需要认识到 3 件关键事情。首先，对于数据可视化的需求从来没有比现在更凸显，即使再无其他原因激发，需求已经有那么多了。其次，总体而言，当前的工具较 20 世纪 90 年代流行的预置的客户端-服务器系统和应用，部署起来更容易也更便宜。最后，这些应用具有用户友好性，它们不再是专业人士、统计学家、科学家及其他经过数年专业训练后人员的专属领地。

3. 了解数据可视化工具的局限

要将数据可视化放在合适的商业背景中。可视化组织认识到，数据可视化应用光靠自身并不能奇迹般地"解决大数据问题"，相反，数据可视化必须与大数据及其他应用结合在一起才能起作用。亚马逊、苹果、Facebook、eBay、Netflix、谷歌、推特及其他大数据公司对于他们要做什么、如何做都会从战略层面进行更系统的考虑。他们不会将一个最佳实践数据可视化工具连接到一个过时的即将抛弃的数据库。对可视化组织来说，更多地，还需要改变相应的心态、文化以及思考数据的方式。

6.5.4　管理提示

成为可视化组织所需要的远不止抓取一堆数据加上购买和部署所谓最优性能工具。组织文化和员工态度都是关键因素，换言之，不要忽视了管理。

（1）鼓励自助服务、探索和数据民主。若只是因为所有类型或来源的数据都可以进行可视化而将数据进行可视化，并不能代替决策，决策必须得由人来做。只是可视化组织的员工总体上较其对手对于新的想法会更开放些，他们也更乐于探索。

（2）提出正面怀疑。在大数据时代，数据可视化价值无限，但这并不意味着数据全能并通晓一切。可视化组织的员工发现问题的能力变得前所未有的关键。在理想情况下，数据可视化可以促进更广泛的研究、更精准的问题和最终更明智的答案。

数据可视化工具能够呈现之前未知或不够明朗的趋势，但是这些趋势也可能掩盖更深的趋势甚至完全误导人们。

（3）相信过程，而非结论。任何一个具体数据可视化结果可能并不能导致开创性的创新、全新产品或客户洞见，但发现新趋势的信息可视化过程是值得推崇的。可视化的过程而非其结果确实是其构成的一个根本部分。

（4）聘用综合型人才。全部员工都应该将数据运用作为其工作的一部分，因此可以推论，数据可视化应该更广泛地加以部署和获取。员工不应该只是向 IT 或"数据部门"提交一个支持请求，数据可视化工具及其结果应该更具广泛的民主性。不要将运用工具和设计工具混淆。

确实，Tableau 和 QlikView 的产品强大且用户友好，他们能够帮助每个用户提升档次，且很多情况下对编程技能并无一定要求。但是，数据可视化的超级用户和设计师还在做着一般用户无法做到的事情。"理想"的设计师应该具备包括计算机编程、技术、设计、商业管理、数学、数据建模以及统计学等专业综合背景。但是，你不可能找到一个具备以上全部专业学历的人。一个人只需具备天生的好奇心、一定的智慧和实践经验，也就基本可以立刻着手开展工作了。

【实验与思考】建立数据可视化组织

1. 实验目的
（1）理解什么是数据驱动，数据可视化组织的内涵是什么？
（2）熟悉典型的可视化组织和创业公司的可视化发展。
（3）熟悉建立可视化组织的主要方法。

2. 工具/准备工作
在开始本实验之前，请认真阅读课程的相关内容。
需要准备一台带有浏览器，能够访问因特网的计算机。

3. 实验内容与步骤
（1）什么是数据驱动？如何理解数据驱动组织的座右铭之一："If you can't measure it, you can't fix it（如果你无法衡量它，你不能修复它）"？

答：_____

_____

_____

_____

（2）为什么说：网络的很多变化都是因数据驱动而发生的？

答：_____

_____

_____

_____

（3）数据透明可以给组织带来什么好处？

答：_____

_____

_____

_____

_____

（4）什么是元数据？什么是源数据？请举例说明。

答：_____

_____

_____

_____

_____

（5）建立可视化组织，除了部署一些数据可视化软件，还需要哪些方面的经验（提示）？

答：_____

_____

_____

_____

_____

_____

4. 实验总结

_____

_____

_____

5. 实验评价（教师）

_____

_____

第7章 Tableau 应用初步

【导读案例】数据分析的五大思维方式

众所周知，可视化的价值在于呈现数据背后的规律，从而帮助使用者提高决策效率与能力。对用户数据的分析是进行可视化系统建设必不可少的一个环节。

首先，我们要知道，什么叫数据分析。其实从数据到信息的这个过程，就是数据分析。数据本身并没有什么价值，有价值的是我们从数据中提取出来的信息。

其次，我们还要搞清楚数据分析的目的是什么？目的是解决我们现实中的某个问题或者满足现实中的某个需求。

在这个从数据到信息的过程中，有一些固定的思路，或者称之为思维方式。

第一大思维：对照。

对照，俗称对比。单独看一个数据是不会有感觉的，必须跟另一个数据做对比才能找到感觉（见图7-1）。

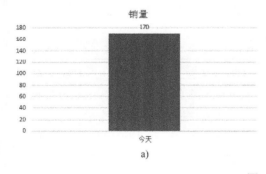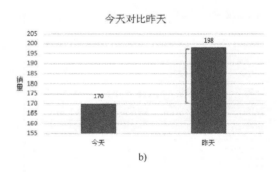

图7-1 对比

在图7-1中单独看图a毫无感觉，而图b经过对比就会发现，今天跟昨天的销量实际上差了一大截。

对照是最基本的思路，也是最重要的思路，在现实中的应用非常广。例如，选款测算、监控店铺数据等，这些过程就是在做"对照"。分析人员拿到数据后，如果数据是独立的，无法进行对比的话，就无法判断，即无法从数据中读取有用的信息。

第二大思维：拆分。

分析这个词从字面上来理解，就是拆分和解析，可见拆分在数据分析中的重要性。

当某个维度可以对比的时候，我们选择对比。在对比后发现问题需要找出原因的时候或者根本就无法对比的时候，拆分就闪亮登场了。

我们来看这样一个场景：运营小美经过对比店铺的数据，发现今天的销售额只有昨天的50%，这个时候，我们再怎么对比销售额这个维度，已经没有意义了。这时需要对销售额这个维度做分解，拆分指标。

$$销售额 = 成交用户数 \times 客单价$$

其中成交用户数又等于访客数×转化率。例如，图 7-2a 是一个指标公式的拆解，图 b 是对流量的组成成分做的简单分解（还可以分很细很全）。

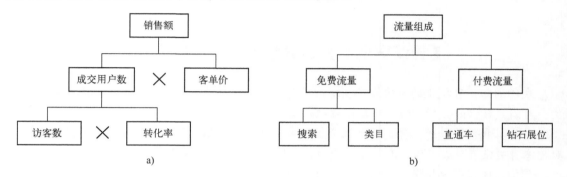

图 7-2 拆分

拆分后的结果相对于拆分前会清晰许多，便于分析查找细节。可见，拆分是分析人员必备的思维之一。

第三大思维：**降维**。

是否有面对一大堆维度的数据却束手无策的经历？当数据维度太多的时候，我们不可能每个维度都拿来分析，有一些有关联的指标可以从中筛选出代表的维度即可（见表 7-1）。

表 7-1 关联指标的维度

日期	浏览量	访客数	访问深度	销售额	销售量	订单数	成交用户量	客单价	转化率
2015/2/1	2 584	957	2.7	9 045	96	80	67	135	7%
2015/2/2	2 625	1 450	2.5	9 570	125	104	67	110	6%
2015/2/3	2 572	1 286	2.0	12 780	130	108	90	142	7%
2015/2/4	4 125	1 650	2.5	16 345	143	119	99	155	6%
2015/2/5	3 699	1 233	3.0	8 362	107	89	74	113	6%
2015/2/6	4 115	1 286	3.2	14 040	130	108	90	166	7%

这么多的维度其实不必每个都分析。我们知道成交用户数÷访客数=转化率，当存在这种维度可以通过其他两个维度通过计算转化出来的时候，就可以降维。

成交用户数、访客数和转化率，只要三选二即可。另外，成交用户数×客单价=销售额，这三个也可以三选二。我们一般只关心对我们有用的数据，当有某些维度的数据跟我们的分析无关时，我们就可以筛选掉，达到"降维"的目的。

第四大思维：**增维**。

增维和降维是对应的，有降必有增。当我们当前的维度不能很好地解释我们的问题时，就需要对数据做一个运算，多增加一个指标（见表 7-2）。

表7-2　增加指标

序号	关键词	搜索人气	搜索指数	占比	点击指数	商城 点击占比	点击率	当前 宝贝数
1	毛呢外套	242 165	1 119 253	58.81%	512 673	30.76%	45.08%	2 448 482
2	毛呢外套 女	33 285	144 688	7.29%	80 240	48.88%	54.79%	2 448 368
3	韩版毛呢外套	7 460	29 714	1.45%	15 070	21.385%	50.04%	1 035 325
4	小香风毛呢外套	6 400	22 543	1.09%	11 143	22.34%	48.72%	60 258
5	斗篷毛呢外套	5 463	23 443	1.14%	11 328	19.87%	19.87%	108 816

　　我们发现一个搜索指数和一个宝贝数，这两个指标一个代表需求，一个代表竞争，有很多人把搜索指数÷宝贝数=倍数，用倍数来代表一个词的竞争度（仅供参考），这种做法就是在增维。增加的维度有一种叫法称之为"辅助列"。

　　增维和降维是必需对数据的意义有充分的了解后，为了方便我们进行分析，有目的地对数据进行转换运算。

　　第五大思维：**假说。**

　　当我们拿不准未来的时候，或者说是迷茫的时候，我们可以应用"假说"。"假说"是统计学的专业名词，俗称假设。当我们不知道结果，或者有几种选择的时候，那么我们就召唤"假说"，我们先假设有了结果，然后运用逆向思维来分析。

　　从结果到原因，要有怎么样的因，才能产生这种结果。这有点寻根的味道。那么，我们可以知道，现在满足了多少因，还需要多少因。如果是多选的情况下，就可以通过这种方法来找到最佳路径（决策）。

　　当然，"假说"的威力不仅仅如此。"假说"可是一匹天马（行空），除了结果可以假设，过程也是可以被假设的。

资料来源：公众号零一，数字冰雹大数据可视化，2016-3-2

阅读上文，请思考、分析并简单记录。

（1）请回顾，文中介绍的数据分析的五大思维方式。

答：_____

_____

_____

（2）试分析，这五大思维方式在运用时有顺序要求吗？为什么？

答：_____

_____

_____

（3）请思考，列举并描述一个运用这五大思维方式（或者之一）来进行数据分析的例子。

答：_____

_____

_____

（4）请简单描述你所知道的上一周发生的国际、国内或者身边的大事。

答：_____

_____

_____

_____

7.1　Tableau 概述

大数据时代的到来使人类第一次有机会和条件，在非常多的领域和非常深入的层次获得和使用全面数据、完整数据和系统数据，深入探索现实世界的规律，获取过去不可能获取的知识，得到过去无法企及的商机。Tableau Software 正是一家做大数据的公司，更确切地说是大数据处理的最后一环：数据可视化。

Tableau 成立于 2003 年，来自斯坦福的三位校友 Christian Chabot（首席执行官）、Chris Stole（开发总监）以及 Pat Hanrahan（首席科学家）在远离硅谷的西雅图注册成立了这家公司，其中 Chris Stole 是计算机博士；而 Pat Hanrahan 是皮克斯动画工作室的创始成员之一，曾负责视觉特效渲染软件的开发，两度获得奥斯卡最佳科学技术奖，至今仍在斯坦福担任教授职位，教授计算机图形课程。三人都对数据可视化这件事怀有很大的热情。

Tableau 是一家商业智能软件提供商，主要面向企业数据提供可视化服务，企业运用 Tableau 数据可视化软件对数据进行处理和展示，其他任何机构乃至个人也都能很好地运用 Tableau 软件进行数据分析工作。数据可视化是数据分析的完美结果，让枯燥的数据以简单友好的图表形式展现出来。可以说，Tableau 抢占的是一个细分市场，那就是大数据处理末端的可视化市场。

现在 Tableau 员工分布在全球 100 多个国家，业务遍及商务服务、能源、电信、金融服务、互联网、生命科学、医疗保健、制造业、媒体娱乐、公共部门、教育、零售等各个行业，其中既有知名企业，也有政府机构以及知名学府。Tableau 的业务主要分为两部分：一部分是数据可视化软件授权，另一部分是软件维护和服务。

Tableau 软件的基本理念是，界面上的数据越容易操控，公司对自己在所在业务领域里的所作所为到底是正确还是错误，就能了解得越透彻。

7.1.1　Tableau 可视化技术

"所有人都能学会的业务分析工具"，这是 Tableau 官网上对 Tableau Desktop 的描述。确实，Tableau Desktop 简单、易用，这也是 Tableau 的最大特点，使用者不需要精通复杂的编程和统计原理，只需要 drag and drop——把数据直接拖放到工具簿中，通过一些简单的设置就可以得到自己想要的数据可视化图形，即使不具备专业背景，人们也可以创造出美观的交互式图表，从而完成有价值的数据分析。所以，Tableau Desktop 的学习成本很低，使用者可以快速上手，这对于日渐追求高效率和成本控制的企业来说具有巨大的吸引力。Tableau 特别适合于日常工作中需要绘制大量报表、经常进行数据分析或需要制作精良的图表以在重要场合演讲的人。但简单、易用并没有妨碍 Tableau Desktop 拥有强大的性能，其不仅能完成基本的统计预测和趋势预测，还能实现数据源的动态更新。

在简单、易用的同时，Tableau Desktop 也极其高效，其数据引擎的速度极快，处理上亿行数据只需几秒的时间就可以得到结果。

作为最早研究可视化技术的公司之一，Tableau 有一组集复杂的计算机图形学、人机交互和高性能的数据库系统于一身的跨越领域的数据可视化技术，主要包括以下两个方面。

（1）独创的 VizQL 数据库可视化查询语言和混合数据架构。Tableau 的初创合伙人是来自斯坦福大学的数据科学家，他们为了实现卓越的可视化数据获取与后期处理，并没有像普通数据分析类软件那样简单地调用和整合现行主流的关系型数据库，而是进行大尺度创新，独创了 VizQL 数据库。

（2）用户体验良好且易用的表现形式。Tableau 提供了一个新颖而易于使用的界面，使得处理规模巨大、多维的数据时，可以即时地从不同角度和设置看到数据所呈现出的规律。Tableau 通过数据可视化技术，使得数据挖掘易于操作，能自动生成和展现出高质量的图表。正是这个特点奠定了其广泛的用户基础。

Tableau 专注于处理的是最简单的结构化数据，即那些已整理好的数据——Excel、数据库等。结构化的数据处理在技术上难度较低，这就使得 Tableau 有精力在快速、简单和可视上做出更多改进。

Tableau Desktop 具有完美的数据整合能力，可以将两个数据源整合在同一层，甚至还可以一个数据源筛选以作为另一个数据源，并在数据源中突出显示，这种强大的数据整合能力具有很大的实用性。

Tableau Desktop 还有一项独具特色的数据可视化技术，就是嵌入了地图，使用者可以用经过自动地理编码的地图呈现数据，这对于企业产品市场定位、制定营销策略等有非常大的帮助。

可见，Tableau 有一套自己特有的数据处理和数据可视化核心技术，而且在某些方面比同类型软件领先了很多（见图 7-3）。

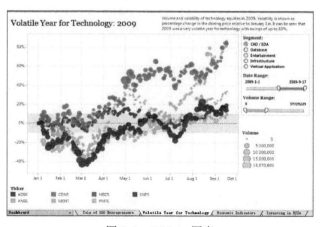

图 7-3　Tableau 图表

7.1.2　Tableau 主要特性

Tableau 的出色表现在以下几个方面。

（1）极速高效。传统 BI 通过 ETL 过程处理数据，数据分析往往会延迟一段时间。而 Tableau 通过内存数据引擎，不但可以直接查询外部数据库，还可以动态地从数据仓库抽取数据，实时更新连接数据，大大提高了数据访问和查询的效率。

此外，用户通过拖放数据列就可以由 VizQL 数据库转化成查询语句，从而快速改变分析内容；单击就可以突出变亮显示，并可随时下钻或上卷查看数据；添加一个筛选器、创建一个组或分层结构就可变换一个分析角度，实现真正灵活、高效的即时分析。

（2）简单易用。这是 Tableau 的一个重要特性。Tableau 提供了友好的可视化界面，用户通过单击和拖放，就可以迅速创建出智能、精美、直观和具有强交互性的报表和仪表盘。

Tableau 的简单易用性具体体现在以下两个方面。

① 易学。对使用者不要求 IT 背景，也不要求统计知识，只通过拖放和单击的方式就可以创建出精美、交互式仪表盘。帮助用户迅速发现数据中的异常点，对异常点进行明细钻取，还可以实现异常点的深入分析，定位异常原因。

② 操作极其简单。对传统 BI，业务人员和管理人员主要依赖 IT 人员定制数据报表和仪表盘，并且需要花费大量时间与 IT 人员沟通需求、设计报表样式，而只有少量时间真正用于数据分析。Tableau 具有友好且直观的拖放界面，操作上简单如 Excel 数据透视表，IT 人员只需开放数据权限，业务人员或管理人员可以连接数据源自己来做分析。

（3）可连接多种数据源，轻松实现数据融合。在很多情况下，用户想要展示的信息分散在多个数据源中，有的存在于文件中，有的可能存放在数据库服务器上。Tableau 允许从多个数据源访问数据，包括带分隔符的文本文件、Excel 文件、SQL 数据库、Oracle 数据库和多维数据库等。Tableau 也允许用户查看多个数据源，在不同的数据源间来回切换分析，并允许用户结合使用多个不同数据源。

此外，Tableau 还允许在使用关系数据库或文本文件时，通过创建链接（支持多种不同链接类型，如左侧链接、右侧链接和内部链接等）来组合多个表或文件中存在的数据，以允许分析相互有关系的数据。

（4）高效接口集成，具有良好可扩展性，提升数据分析能力。Tableau 提供多种应用编程接口，包括数据提取、页面集成和高级数据分析等。

① 数据提取 API。Tableau 可以链接使用多种格式数据源，但由于业务的复杂性，数据源的格式多种多样，Tableau 所支持的数据源格式不可能面面俱到。为此，Tableau 提供了数据提取 API，使用它们可以在 C、C++、Java 或 Python 中创建用于访问和处理数据的程序，然后使用这样的程序创建 Tableau 数据提取（.tde）文件。

② JavaScript API。通过 JavaScript API，可以把通过 Tableau 制作的报表和仪表盘嵌入到已有的企业信息化系统或企业商务智能平台中，实现与页面之间的交互集成。

③ 与数据分析工具 R 的集成接口。R 是一种用于统计分析和预测建模分析的开源软件编程语言和软件环境，具有非常强大的数据处理、统计分析和预测建模能力。Tableau 支持与 R 的脚本集成，大大提升了 Tableau 在数据处理和高级分析方面的能力。

7.2　Tableau 产品线

Tableau Desktop（桌面）是设计和创建美观的视图与仪表板、实现快捷数据分析功能的桌面分析工具，它能帮助用户生动地分析实际存在的任何结构化数据，以快速生成美观的图表、坐标图、仪表盘与报告。利用 Tableau 简便的拖放式界面，用户可以自定义视图、布局、形状、颜色等，展现自己的数据视角。

Tableau Desktop 适用于多种数据文件与数据库，良好的数据可扩展性，不受限于所处理数据的大小，将数据分析变得轻而易举。

Tableau Desktop 包括个人版（Tableau Desktop Personal）和专业版（Tableau Desktop Professional）两个版本，支持 Windows 和 Mac 操作系统。

Tableau Desktop 个人版仅允许连接到文件和本地数据源，分析成果可以发布为图片、PDF 和 Tableau Reader 等格式；而 Tableau 专业版除了具备个人版的全部功能外，支持的数据源更加丰富，能够连接到几乎所有格式的数据和数据库系统，包括以 ODBC 方式新建数据源库，分析成果还可以发布到企业或个人的 Tableau Server（服务器）、Tableau Online Server（在线服务器）和 Tableau Public Server（公共服务器）上，实现移动办公。因此，专业版比个人版更加通用。

Tableau 的产品线很丰富，除了制作报表、视图和仪表板的桌面设计和分析工具 Tableau Desktop 之外，还包括适用于企业部署的 Tableau Server 产品及其托管版本 Tableau Online（在线），适用于网页上创建和分享数据可视化内容的免费服务 Tableau Public 产品，基于 iOS 和 Android 平台移动终端的应用程序 Tableau Mobile（移动）以及免费的桌面应用软件 Tableau Reader（阅读器）。

Tableau Desktop 用户创建了交互式数据可视化内容并发布为工作簿打包文件（.twbx）。利用阅读器，同事们可以使用按过滤、排序以及调查得到的数据结果进行交流，将数据可视化、数据分析与数据整合的优点延伸到团队与工作组。用户也可以与工作簿中的视图和仪表板进行交互操作，如筛选、排序、向下钻取和查看数据明细等。打包工作簿文件可以从 Tableau Public 服务器下载。Tableau Reader 不能创建工作表和仪表板，也无法改变工作簿的设计和布局。

7.3 下载、安装与注册

在网上搜索并登录 Tableau 中文简体官方网站（www.tableau.com/zh-cn），指向"产品"菜单项，选择 Tableau Desktop 选项，可打开 Tableau Desktop 产品页，从中单击"免费试用"项，可在此下载 Tableau Desktop，安装后可获得 14 天免费的使用权限。

安装 Tableau 软件应注意应用环境的系统配置（可在安装界面点击"查看系统要求"）。以 Tableau 10.5 为例，运行 Tableau Desktop 软件的系统要求如下。

Windows：

（1）Windows 7 或更高版本（64 位）。

（2）Intel Pentium 4 或 AMD Opteron 处理器或更新的产品。

（3）2GB 内存。

（4）至少 1.5GM 可用磁盘空间。

Mac：

（1）iMac/MacBook 计算机 2009 或更高版本。

（2）OSX 10.10 或更高版本。

（3）至少 1.5GM 可用磁盘空间。

运行 Tableau Server 的系统要求如下。

（1）Microsoft Windows Server 2016、2012、2012 R2、2008 R2；Windows 7、8 和 10（基于 x64 芯片组）。

（2）CentOS 7、Ubuntu 16.04 LTS、Red Hat Enterprise Linux (RHEL) 7、Oracle Linux 7。

硬件规格：

（1）最低系统要求：

① 2 核。

② 64 位处理器。

③ 8GB 系统内存。

④ 15GB 最少可用磁盘空间。

（2）建议要求：

① 8 个物理内核，2.0 GHz 或更高频率的 CPU。

② 64 位处理器。

③ 32GB 系统内存。

④ 50GB 最少可用磁盘空间。

（3）多节点及企业级部署：联系 Tableau 获得规模估算及技术方面的指导。

若操作系统版本过低，则 Tableau 软件在安装时会给出提示并退出安装。

请记录：在本次学习中，你选择安装的 Tableau 软件的详细版本信息是：

_____

双击下载的 Tableau Desktop 安装软件，屏幕显示 Tableau 版本号并引导安装。

查看阅读软件的产品"许可条款"，选择接受本许可协议，单击"安装"按钮，可在本地电脑上简单和顺利地安装该软件产品。为配合这个软件的学习，请合理选择软件产品的安装时机（配合免费试用的 14 天）。

安装后，安装软件会在桌面上留下启动 Tableau 软件的快捷图标。双击该图标，启动 Tableau Desktop 软件（见图 7-4）。第一次使用 Tableau，即使是试用也需要进行用户注册（见图 7-5），填写各项，然后单击"注册"按钮。

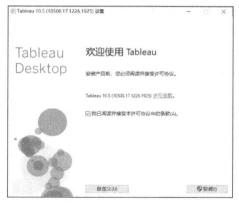

图 7-4　Tableau 启动引导页

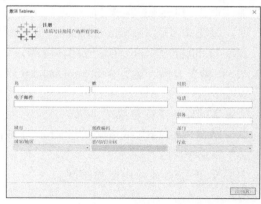

图 7-5　Tableau 用户注册

Tableau 以"学术研究计划"的名义支持对所有学生和教师的免费使用。

（1）学生：全球的学生都可以免费获得 Tableau Desktop。

① 学习有用的、符合需求的数据技能。

② 更快完成功课。

③ 给未来的雇主留下深刻印象。

（2）教师：

① 将可视化分析整合到您的课程中——快速、免费、轻松。

② 教授有市场的数据技能。

③ 简单的许可证申请流程。

④ 免费教学资料和支持社区。

（3）管理：

① 释放机构数据的力量，获得有意义的见解。

② 在整个校园推动以信息为基础的决策。

③ 14 天免费试用。

图 7-6　选择注册项

④ 可提供教育机构特价。

选择"教师"选项，对话框显示如图 7-6 所示。进一步选择"申请个人许可证"或"申请学生/实验室许可证"，输入校园相关信息，完成"许可证"注册并等待 Tableau 的注册邮件回复。

实验确认：□ 学生 □ 教师

7.4　Tableau 工作区

在进入 Tableau 或打开 Tableau 但没有指定工作簿时，会显示"开始页面"（见图 7-7），其中包含了最近使用的工作簿、已保存的数据连接、示例工作簿和其他一些入门资源，这些内容将帮助初学者快速入门。

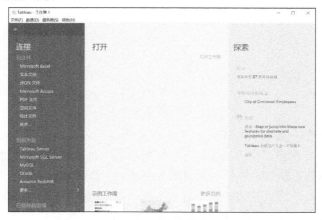

图 7-7　Tableau 开始页面

Tableau 工作区是制作视图、设计仪表板、生成故事、发布和共享工作簿的工作环境，包括工作表工作区、仪表板工作区和故事工作区，也包括公共菜单栏和工具栏。

（1）工作表（work sheet）：又称为视图（visualization），是可视化分析的最基本单元。

（2）仪表板（dashboard）：是多个工作表和一些对象（如图像、文本、网页和空白等）的组合，可以按照一定方式对其进行组织和布局，以便揭示数据关系和内涵。

（3）故事（story）：是按顺序排列的工作表或仪表板的集合，故事中各个单独的工作表或仪表板称为"故事点"。可以使用创建的故事，向用户叙述某些事实，或者以故事方式揭示各种事实之间的上下文或事件发展的关系。

（4）工作簿（workbook）：包含一个或多个工作表以及一个或多个仪表板和故事，是用户在 Tableau 中工作成果的容器。用户可以把工作成果组织、保存或发布为工作簿，以便共享和存储。

为开始构建视图并分析，要进入"新建数据源"页面，将 Tableau 连接到一个或多个数据源。

实验确认：□ 学生 □ 教师

7.4.1　工作表工作区

在图 7-8 所示界面中选择"文件"→"新建"命令，屏幕显示如图 7-8 所示。工作表工作区包含菜单、工具栏、数据窗口、含有功能区和图例的卡，可以在工作表工作区中通过将字段拖放到功能区上来生成数据视图（工作表工作区仅用于创建单个视图）。在 Tableau 中连接数据之后，即可进入工作表工作区。

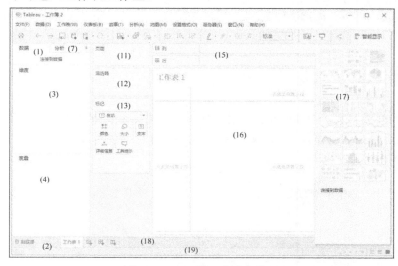

图 7-8　Tableau 工作表工作区

工作表工作区中的主要部件如下。

（1）数据窗口。数据窗口位于工作表工作区的左侧。可以通过单击数据窗口右上角的最小化按钮来隐藏和显示数据窗口，这样数据窗口会折叠到工作区底部，再次单击最小化按钮可显示数据窗口。通过单击，然后在文本框中输入内容，可在数据窗口中搜索字段。通过单击，可以查看数据。数据窗口由数据源窗口、维度窗口、度量窗口、集窗口和参数窗口等组成。

（2）数据源窗口：包括当前使用的数据源及其他可用的数据源。

（3）维度窗口：包含诸如文本和日期等类别数据的字段。

（4）度量窗口：包含可以聚合的数字的字段。

（5）集窗口：定义的对象数据的子集，只有创建了集，此窗口才可见。

（6）参数窗口：可替换计算字段和筛选器中的常量值的动态占位符，只有创建了参数，此窗口才可见。

（7）分析窗口：将菜单中常用的分析功能进行了整合，方便快速使用，主要包括汇总、模型和自定义 3 个窗口。

（8）汇总窗口：提供常用的参考线、参考区间及其他分析功能，包括常量线、平均线、含四分位点的中值和合计等，可直接拖放到视图中应用。

（9）模型窗口：提供常用的分析模型，包括平均值、趋势线和预测等。

（10）自定义窗口：提供参考线、参考区间、分布区间和盒须图的快捷使用。

（11）页面卡：可在此功能区上基于某个维度成员或度量值将一个视图拆分为多个视图。

（12）筛选器卡：指定要包含和排除的数据，所有经过筛选的字段都显示在筛选器卡上。

（13）标记卡：控制视图中的标记属性，包括一个标记类型选择器，可以在其中指定标记类型（例如，条、线、区域等）。此外，还包含颜色、大小、标签、文本、详细信息、工具提示、形状、路径和角度等控件，这些控件的可用性取决于视图中的字段和标记类型。

（14）颜色图例：包含视图中颜色的图例，仅当颜色上至少有一个字段时才可用。同理，也可以添加形状图例、尺寸图例和地图图例。

（15）行功能区和列功能区：行功能区用于创建行，列功能区用于创建列，可以将任意数量的字段放置在这两个功能区上。

（16）工作表视图区：创建和显示视图的区域。一个视图就是行和列的集合，由以下组件组成：标题、轴、区、单元格和标记。除这些内容外，还可以选择显示标题、说明、字段标签、摘要和图例等。

（17）智能显示：通过智能显示，可以基于视图中已经使用的字段以及在数据窗口中选择的任何字段来创建视图。Tableau 会自动评估选定的字段，然后在智能显示中突出显示与数据最相符的可视化图表类型。

（18）标签栏：显示已经被创建的工作表、仪表板和故事的标签，或者通过标签栏上的新建工作表图标创建新工作表，或者通过标签栏上的新建仪表板图标创建新仪表板。

（19）状态栏：位于 Tableau 工作簿的底部。它显示菜单项说明以及有关当前视图的信息。可以通过选择"窗口"→"显示状态栏"来隐藏状态栏。有时 Tableau 会在状态栏的右下角显示警告图标，以指示错误或警告。

实验确认：☐ 学生 ☐ 教师

7.4.2 仪表板工作区

仪表板工作区（见图 7-9）使用布局容器把工作表和一些像图片、文本、网页类型的对象按一定的布局方式组织在一起。在工作区页面单击新建仪表板图标，或者选择"仪表板"→"新建仪表板"命令，打开仪表板工作区，仪表板窗口将替换工作表左侧的数据窗口。

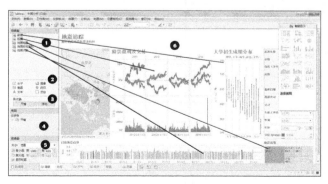

图 7-9　Tableau 仪表板工作区

仪表板工作区中的主要部件如下。

（1）仪表板窗口：列出了在当前工作簿中创建的所有工作表，可以选中工作表并将其从仪表板窗口拖至右侧的仪表板区域中，一个灰色阴影区域将指示出可以放置该工作表的各个位置。在将工作表添加至仪表板后，仪表板窗口中会用复选标记来标记该工作表。

（2）仪表板对象窗口：包含仪表板支持的对象，如文本、图像、网页和空白区域。从仪表板窗口拖放所需对象至右侧的仪表板窗口中，可以添加仪表板对象。

（3）平铺和浮动：决定了工作表和对象被拖放到仪表板后的效果和布局方式。默认情况下，仪表板使用平铺布局，这意味着每个工作表和对象都排列到一个分层网格中。可以将布局更改为浮动以允许视图和对象重叠。

（4）布局窗口：以树形结构显示当前仪表板中用到的所有工作表及对象的布局方式。

（5）仪表板设置窗口：设置创建的仪表板的大小，也可以设置是否显示仪表板标题。仪表板的大小可以从预定义的大小中选择一个，或以像素为单位设置自定义大小。

（6）仪表板视图区：是创建和调整仪表板的工作区域，可以添加工作表及各类对象。

实验确认：☐ 学生 ☐ 教师

7.4.3　故事工作区

在 Tableau 中一般将故事用作演示工具，按顺序排列视图或仪表板。选择"故事"→"新建故事"命令，或者单击工具栏上的"新建工作表"按钮，然后选择"新建故事"命令。故事工作区与创建工作表和仪表板的工作区有很大区别。

故事工作区中的主要部件如下：

（1）仪表板和工作表窗口：显示在当前工作簿中创建的视图和仪表板的列表，将其中的一个视图或仪表板拖到故事区域（导航框下方），即可创建故事点，单击可快速跳转至所在的视图或仪表板。

（2）说明：是可以添加到故事点中的一种特殊类型的注释。若要添加说明，只需双击此处。可以向一个故事点添加任何数量的说明，放置在故事中的任意所需位置上。

（3）导航器设置：设置是否显示导航框中的后退/前进按钮。

（4）故事设置窗口：设置创建的故事的大小，也可以设置是否显示故事标题。故事的大小可以从预定义的大小中选择一个，或以像素为单位设置自定义大小。

（5）导航框：用户进行故事点导航的窗口，可以利用左侧或右侧的按钮顺序切换故事点，也可以直接单击故事点进行切换。

（6）新空白点按钮：单击此按钮可以创建新故事点，使其与原来的故事点有所不同。

（7）复制按钮：可以将当前故事点用作新故事点的起点。

（8）说明框：通过说明为故事点或者故事点中的视图或仪表板添加的注释文本框。

（9）故事视图区：是创建故事的工作区域，可以添加工作表、仪表板或者说明框对象。

实验确认：☐ 学生 ☐ 教师

7.4.4　菜单栏和工具栏

除了工作表、仪表板和故事工作区，Tableau 工作区环境还包括公共的菜单栏和工具栏。菜单栏和工具栏均位于工作区的顶部。

1. 菜单栏

菜单栏包括文件、数据、工作表和仪表板等菜单，每个菜单下都包含很多菜单选项。

（1）文件菜单。包括打开、保存和另存为等功能。其中最常用的功能是"打印为 PDF"选项，它允许把工作表或仪表板导出为 PDF。"导出打包工作簿"选项允许把当前的工作簿以打包形式导出。如果记不清文件存储位置，或者想要改变文件的缺省存储位置，可以使用文件菜单中的"存储库位置"选项来查看文件存储位置和改变文件的缺省存储位置。

（2）数据菜单。其中的"粘贴数据"选项非常方便，如果在网页上发现了一些 Tableau 的数据，并且想要使用 Tableau 进行分析，可以从网页上复制下来，然后使用此选项把数据导入到 Tableau 中进行分析。一旦数据被粘贴，Tableau 将从 Windows 粘贴板中复制这些数据，并在数据窗口中增加一个数据源。

"编辑关系"选项在数据融合时使用，它可以用于创建或修改当前数据源关联关系，并且如果两个不同数据源中的字段名不相同，此选项非常有用，它允许明确地定义相关的字段。

（3）工作表菜单。常用功能是"导出"选项和"复制"选项。"导出"选项允许把工作表导出为一个图像、一个 Excel 交叉表或者 Access 数据库文件（.mdb）；而使用"复制"选项中的"复制为交叉表"选项会创建一个当前工作表的交叉表版本，并把它存放在一个新的工作表中。

（4）仪表板菜单。此菜单中的选项只有在仪表板工作区环境下可用。

（5）故事菜单。此菜单中的选项只有在故事工作区环境下可用，可以利用其中的选项新建故事，利用"设置格式"选项设置故事的背景、标题和说明，还可以利用"导出图像"选项把当前故事导出为图像。

（6）分析菜单。在熟悉了 Tableau 的基本视图创建方法后，可以使用分析菜单中的一些选项来创建高级视图，或者利用它们来调整 Tableau 中的一些缺省行为，如利用其中的"聚合度量"选项来控制对字段的聚合或解聚，也可以利用"创建计算字段"和"编辑计算字段"选项创建当前数据源中不存在的字段。分析菜单在故事工作区环境下不可见，在仪表板工作区环境下仅部分功能可用。

（7）地图菜单。其中的"地图选项"里的"样式"可以更改地图颜色配色方案，如选择普通、灰色或者黑色地图样式，也可以使用"地图选项"中的"冲蚀"滑块控制背景地图的强度或亮度，滑块向右移得越远，地图背景就越模糊。地图菜单中的"地理编码"选项可以导入自定义地理编码文件，绘制自定义地图。

（8）设置格式菜单。设置格式菜单很少使用，因为在视图或仪表板上的某些特定区域右击可以更快捷地调整格式。但有些设置格式菜单中的选项通过快捷键方式无法实现，例如，想要修改一个交叉表中单元格的尺寸，只能利用设置格式菜单中的"单元格大小"选项来调整；如果不喜欢当前工作簿的默认主题风格，只能利用"工作簿主题"选项来切换至其他两个子选项"现代"或"古典"。

（9）服务器菜单。如果想要把工作成果发布到大众皆可访问的公共服务器 Tableau Public 上，或者从上面下载或打开工作簿，可以使用服务器菜单中的"Tableau Public"选项。如果需要登录到 Tableau 服务器，或者需要把工作成果发布到 Tableau 服务器上，需要使用服务器菜单中的"登录"选项。

（10）窗口菜单。如果工作簿很大，其中包含了很多工作表，并且想要把其中某个工作表共享给别人，可以使用窗口菜单中的“书签”选项创建一个书签文件（.tbm），还可以通过窗口菜单中的其他选项，来决定显示或隐藏工具栏、状态栏和边条。

（11）帮助菜单。帮助菜单可以让用户直接连接到 Tableau 的在线帮助文档、培训视频、示例工作簿和示例库，也可以设置工作区语言。此外，如果加载仪表板时比较缓慢，可以使用“设置和性能”选项中的子选项“启动性能记录”激活 Tableau 的性能分析工具，优化加载过程。

2. 工具栏

工具栏包含“新建数据源”“新建工作表”和“保存”等命令。另外，该工具栏还包含“排序”“分组”和“突出显示”等分析和导航工具。通过选择“窗口”→“显示工具栏”命令可隐藏或显示工具栏。工具栏有助于快速访问常用工具和操作，其中有些命令仅对工作表工作区有效，有些命令仅对仪表板工作区有效，有些命令仅对故事工作区有效。

实验确认：☐ 学生 ☐ 教师

7.5 Tableau 数据

简便、快速地创建视图和仪表板是 Tableau 的最大优点之一，我们将通过案例来展示 Tableau 创建、设计、保存视图和仪表板的基本方法和主要操作步骤，以了解 Tableau 支持的数据角色和字段类型的概念，熟悉 Tableau 工作区中的各功能区的使用方法和操作技巧，最终利用 Tableau 快速创建基本的视图。

实例 7-1：案例样本数据中，指标为售电量，统计周期为 2017 年 1 月~2017 年 6 月，数据存储为 Excel 文件，结构见图 7-10（其中指出了数据源数据与 Tableau 中数据的对应关系）。

	A	B	C	D	E	F	G	H	I
1	省市	地市	统计周期	用电类别	当期值	累计值	同期值	同期累计值	月度计划值
2	重庆	市区	2017/1/31	大工业	38567.77	38567.77	37153.40	37153.40	38567.77
3	重庆	江北	2017/1/31	大工业	24650.62	24650.62	22143.34	22143.34	24857.33
4	江苏	盐城	2017/5/31	大工业	2473806.39	2473806.39	1801205.88	1801205.88	1801205.88
5	江苏	南通	2017/6/30	电厂直供	2459465.16	2459465.16	1815454.48	1815454.48	1815454.48
6	江苏	扬州	2017/3/31	大工业	2299171.73	2299171.73	1646656.54	1646656.54	1646656.54
7	江苏	泰州	2017/4/30	大工业	2266469.52	2266469.52	1659679.50	1659679.50	1659679.50
8	江苏	常州	2017/1/31	大工业	2092388.83	2092388.83	1643401.00	1643401.00	1643401.00
9	江苏	无锡	2017/2/28	农业	1897061.34	1897061.34	1062801.77	1062801.77	1062801.77
10	山东	菏泽	2017/5/31	大工业	1607161.75	1607161.75	1303711.00	1303711.00	1303711.00
11	山东	青岛	2017/4/30	大工业	1594860.10	1594860.10	1313730.00	1313730.00	1313730.00
12	山东	烟台	2017/6/30	非居民	1565942.58	1565942.58	1302881.00	1302881.00	1302881.00
13	浙江	温州	2017/4/30	大工业	1565738.35	1565738.35	1484657.43	1484657.43	1484657.43
14	浙江	台州	2017/6/30	大工业	1564680.49	1564680.49	1488011.76	1488011.76	1488011.76
15	浙江	绍兴	2017/5/31	商业	1514825.81	1514825.81	1478757.19	1478757.19	1478757.19
16	山东	威海	2017/3/31	大工业	1486366.42	1486366.42	1271142.00	1271142.00	1271142.00
17	浙江	衢州	2017/1/31	大工业	1387124.19	1387124.19	1422112.20	1422112.20	1422112.20
18	浙江	金华	2017/3/31	大工业	1354949.99	1354949.99	1190055.11	1190055.11	1190055.11
19	山东	济宁	2017/1/31	其他	1234932.57	1234932.57	1396797.50	1396797.50	1396797.50
20	山东	济南	2017/2/28	大工业	1161511.46	1161511.46	1178342.07	1178342.07	1178342.07
21	河南	南阳	2017/1/31	趸售	1015447.12	1015447.12	976051.00	976051.00	976051.00
22	河南	驻马店	2017/4/30	大工业	975631.36	975631.36	918596.54	918596.54	918596.54
23	河南	安阳	2017/5/31	大工业	911216.46	911216.46	897400.36	897400.36	897400.36
24	河南	洛阳	2017/3/31	大工业	907300.51	907300.51	869560.82	869560.82	869560.82
25	辽宁	大连	2017/1/31	大工业	835727.00	835727.00	856460.00	856460.00	856460.00
26	辽宁	鞍山	2017/1/31	居民	196408.00	196408.00	207754.00	207754.00	207754.00
27	辽宁	沈阳	2017/1/31	非普工业	159107.00	159107.00	169438.00	169438.00	169438.00
28	河南	开封	2017/2/28	趸售	869885.60	869885.60	828267.00	828267.00	828267.00
29	河南	漯河	2017/6/30	大工业	867164.57	867164.57	920423.61	920423.61	920423.61
30	山西	太原	2017/1/31	大工业	849845.56	849845.56	841130.00	841130.00	841130.00

Sheet1

图 7-10 Excel 数据源：2015 年分省市售电量明细表

Excel 表中共有 6 列变量，用电类别是对售电量市场的进一步细分，包括大工业、居民、非居民、商业等 9 类；当期值为统计周期对应时间的售电量；同期值为上一年相同月份的售电量；月度计划值为当月的计划值。

步骤 1：打开 Microsoft Excel，在其中输入数据建立图 7-12 所示的 Excel 表格，另存为"实例 7-1.xlsx"（或者直接获取相关实验素材）。

步骤 2：打开 Tableau Desktop，在 Tableau 中选择"开始页面"→"连接到-文件"→"Excel"，将 Excel 数据表"实例 7-1"导入到 Tableau 中（见图 7-11）。

步骤 3：在界面的左下方单击"工作表 1"按钮，进入 Tableau 工作表工作区。

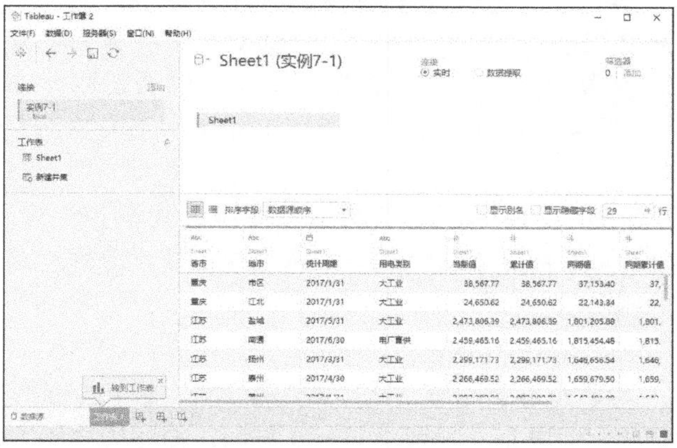

图 7-11　导入 Excel 数据源

实验确认：□ 学生　□ 教师

7.5.1　数据角色

Tableau 连接数据后会将数据显示在工作区的左侧，称之为数据窗口（见图 7-12）。数据窗口的顶部是数据源窗口，其中显示的是连接到 Tableau 的数据源。Tableau 支持连接多个数据源，数据源窗口的下方分别为维度窗口和度量窗口，分别用来显示导入的维度字段和度量字段（Tableau 将数据表中的一列变量称为字段）。

维度和度量是 Tableau 的一种数据角色划分，离散和连续是另一种划分方式。Tableau 功能区对不同数据角色操作处理方式是不同的，因此了解 Tableau 数据角色十分必要。

1. 维度和度量

度量窗口显示的数据角色为度量，往往是数值字段，将其拖放到功能区时，Tableau 默认会进行聚合运算，同时，视图区将产生相应的轴。

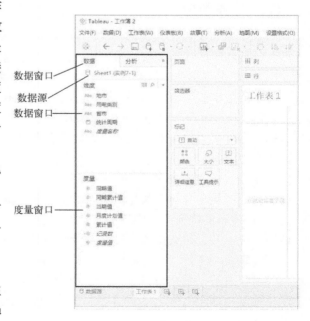

图 7-12　数据窗口

维度窗口显示的数据角色为维度，往往是一些分类、时间方面的定性字段，将其拖放到功能区时，Tableau 不会对其进行计算，而是对视图区进行分区，维度的内容显示为各区的标题。例如，想展示各省售电量当期值，这时"省市"字段就是维度，"当期值"为度量，"当期值"将依据各省市分别进行"总计"聚合运算。

Tableau 连接数据时会对各个字段进行评估，根据评估自动将字段放入维度窗口或度量窗口。通常 Tableau 的这种分配是正确的，但是有时也会出错。例如，数据源中有员工工号字段时，工号由一串数字构成，连接数据源后，Tableau 会将其自动分配到度量中。这种情况下，我们可以把工号从度量窗口拖放至维度窗口中，以调整数据的角色。例如，将字段"当期值"转换为维度，只需将其拖放到维度窗口中即可。字段"当期值"前面的图标也会由绿色变为蓝色。

维度和度量字段有个明显的区别就是图标，即维度为蓝色，度量为绿色。实际上在 Tableau 作图时这种颜色的区别贯穿始终，当创建视图拖放字段到行功能区或列功能区时，依然会保持相应的两种颜色。

2. 离散和连续

离散和连续是另一种数据角色分类，在 Tableau 中，蓝色是离散字段，绿色是连续字段。离散字段在行列功能区时总是在视图中显示为标题，而连续字段则在视图中显示为轴。

当期值为离散类型时，当期值中的每一个数字都是标题，字段颜色为蓝色。当期值为连续类型时，下方出现的是一条轴，轴上是连续刻度，当期值是轴的标题，字段颜色为绿色。离散和连续类型也可以相互转换，右击字段，在弹出快捷菜单中就有"离散"和"连续"选项，单击即可实现转换。

7.5.2　字段类型

数据窗口中各字段前的符号用以标示字段类型。Tableau 支持的数据类型包括文本、日期、日期和时间、地理值、布尔值、数字、地理编码等。

=# 即数字标志符号前加个等号，表示这个字段不是原数据中的字段，而是 Tableau 自定义的一个数字型字段。同理，=Abc 是指 Tableau 自定义的一个字符串型字段。

Tableau 会自动对导入的数据分配字段类型，但有时自动分配的字段类型不是我们所希望的。由于字段类型对于视图的创建非常重要，因此一定要在创建视图前调整一些分配不规范的字段类型。

步骤 1：在本例中，字段"省市"和"统计周期"显示的字段类型都为字符串，而不是我们想要的地理和日期类型，这时就需要手动调整。调整方法为单击右侧小三角形（或者右击），在弹出的快捷菜单中选择"地理角色"→"省/市/自治区"命令，这时"省市"便成了地理字段，并且在选择后度量窗口会自动显示相应的经纬度字段。

步骤 2：对于"统计周期"，同样选择"更改数据类型"→"日期"命令即可。

可以发现在数据窗口有 3 个多出来的字段：记录数、度量名称和度量值。实际上，每次新建数据源都会出现这 3 个字段，其中记录数是 Tableau 自动给每行观测值赋值为 1，可用以计数。

实验确认：□ 学生　□ 教师

7.5.3 文件类型

可以使用多种不同的 Tableau 文件类型，如工作簿、打包工作簿、数据提取、数据源和书签等，来保存和共享工作成果和数据源（见表 7-3）。

表 7-3 Tableau 文件类型表

文 件 类 型	大　小	使 用 场 景	内　　容
Tableau 工作簿（.twb）	小	Tableau 缺省保存工作的方式	可视化内容，但无源数据
Tableau 打包工作簿（.twbx）	可能非常大	与无法访问数据源的用户分享工作	创建工作簿的所有信息和资源
Tableau 数据源（.tds）	极小	频繁使用的数据源	包含新建数据源所需的信息，如数据源类型和数据源链接信息，数据源上的字段属性以及在数据源上创建的组、集和计算字段等
Tableau 数据源（.tdsx）	小	频繁使用的数据源	包括数据源（.tds）文件中的所有信息以及任何本地文件数据源（Excel、Access、文本和数据提取）
Tableau 书签（.tbm）	通常很小	工作簿间分享工作表时使用	如果原始工作簿是一个打包工作簿，创建的书签就包含可视化内容和书签
Tableau 数据提取（.tde）	可能非常大	提高数据库性能	部分或整个数据源的一个本地副本

下面对常用的文件类型分别进行介绍。

（1）Tableau 工作簿（.twb）：将所有工作表及其连接信息保存在工作簿文件中，不包括数据。

（2）打包工作簿（.twbx）：打包工作簿是一个 zip 文件，保存所有工作表、连接信息以及任何本地资源（如本地文件数据源、背景图片、自定义地理编码等）。这种格式最适合对工作进行打包以便与不能访问该数据的其他人共享。

（3）Tableau 数据源（.tds）：Tableau 数据源文件具有.tds 文件扩展名。数据源文件是快速连接经常使用的数据源的快捷方式。数据源文件不包含实际数据，只包含新建数据源所必需的信息以及在数据窗口中所做的修改，例如，默认属性、计算字段、组、集等。

（4）Tableau 数据源（.tdsx）：如果连接的数据源不是本地数据源，tdsx 文件与 tds 文件没有区别。如果连接的数据源是本地数据源，数据源（.tdsx）不但包含数据源（.tds）文件中的所有信息，还包括本地文件数据源（Excel、Access、文本和数据提取）。

（5）Tableau 书签（.tbm）：书签包含单个工作表，是快速分享所做工作的简便方式。

（6）Tableau 数据提取（.tde）：Tableau 数据提取文件具有.tde 文件扩展名。提取文件是部分或整个数据源的一个本地副本，可用于共享数据、脱机工作和提高数据库性能。

这些文件可保存在"我的 Tableau 存储库"目录中的关联文件夹中，该目录是安装 Tableau 时在"我的文档"文件夹中自动创建的。工作文件也可保存在其他位置。

7.6 创建视图

下面来创建 Tableau 视图。一个完整的 Tableau 可视化产品由多个仪表板构成，每个仪表板由一个或多个视图（工作表）按照一定的布局方式构成，因此，视图是一个 Tableau 可视化产品最基本的组成单元（见图 7-13）。

图 7-13　视图工作区

视图中的图形单元称为标记，如圆图的一个圆点或柱形图的一根柱子，都是标记。

可以利用数据窗口中的数据字段来创建视图。Tableau 作图非常简单，将数据窗口中的字段拖放到行、列功能区，Tableau 就会自动依据相关功能将图形显示在下方视图区中，并显示相应的轴或标题。当使用卡和行列功能区进行操作时，图形的变化都会即时显示在视图区。

7.6.1　行列功能区

行、列功能区在工作表的上方，在 Tableau 的数据可视化制作中具有重要的作用。

步骤 1：以制作各省当期售电量柱形图为例，选定字段"省市"，拖放到列功能区，这时横轴就按照各省名称进行了分区，各省市成为区标题。同理，拖放字段"当期值"到行功能区，这时字段会自动显示成"总计（当期值）"，视图区显示的便是售电量各省累计值柱形图。

步骤 2：行、列功能区可以拖放多个字段，例如，可以将字段"同期值"拖放到"总计（当期值）"的左边，Tableau 这时会根据度量字段"当期值"和"同期值"分别作出对应的轴（见图 7-14）。

步骤 3：维度和度量都可以拖放到行功能区或列功能区，只是横轴、纵轴的显示信息会相应地改变，例如，可以单击工具栏上的"交换行和列"按钮，将行、列上的字段互换，这时省市显示在纵轴，横轴变成了当期值和同期值（见图 7-15）。

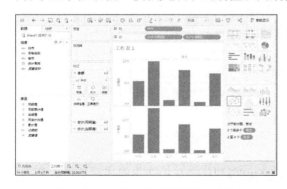

图 7-14　在行、列功能区添加字段

图 7-15　互换行列字段

步骤 4：拖放度量字段"当期值"到功能区，字段会自动显示成"总计（当期值）"，这反映了 Tableau 对度量字段进行了聚合运算，缺省的聚合运算为总计。Tableau 支持多种不同的聚合运算，如总计、平均值、中位数、最大值、计数等。如果想改变聚合运算的类型，如想计算各省的平均值，只需在行功能区或列功能区的度量字段上，右击"总计（当期值）"或单击右侧小三角形，在弹出的快捷菜单中选择"度量"→"平均值"命令即可（见图 7-16）。Tableau 求平均值是对行数的平均。

图 7-16　度量字段的聚合运算

实验确认：□ 学生　□ 教师

7.6.2　标记卡

创建视图时，经常需要定义形状、颜色、大小、标签等图形属性。在 Tableau 中，这些过程都将通过操作标记卡来完成，其上部为标记类型，用以定义图形的形状。Tableau 提供了多种类型的图以供选择，缺省状态下为条形图。标记类型下方有 5 个像按钮一样的图标，分别为"颜色""大小""标签""详细信息"和"工具提示"。这些按钮的使用非常简单，只需把相关的字段拖放到按钮中即可，同时单击按钮还可以对细节、方式、格式等进行调整。此外还有 3 个特殊按钮，特殊按钮只有在选择了对应的标记类型时，才会显示出来。这 3 个特殊按钮分别是线图对应的"路径"、形状图形对应的"形状"、饼图对应的"角度"。

1. 颜色、大小和标签

步骤 1：针对图 7-18 所示图例，如果想让不同省市显示不同颜色，可利用标记卡中的颜色来完成，这只需分别单击"列"栏中的"总计（同期值）"和"总计（当期值）"，再将维度字段"省市"拖放到标记卡的"颜色"项即可（见图 7-17）。这时，卡功能区的下方会自动出现颜色图例，用以说明颜色与省市的对应关系。

步骤 2：单击颜色图例的左侧或右侧，可在弹出的快捷菜单中选择下一步的操作，如排序、设置格式等。

步骤 3：如果要对视图中的标记添加标签，如将当期值添加为标签显示在图上，只需将度量字段"当期值"拖放到标签即可（见图 7-18）。

图 7-17　设置颜色标记　　　　　　　　　　图 7-18　添加标签

步骤 4：标签显示的是各省的当期值总计，如果想让标签显示各省当期值的总额百分比，可右击"标记"卡中的"总计（当期值）"或单击"总计（当期值）"右侧小三角标记，在弹出的快捷菜单中选择"快速表计算"→"总额百分比"命令，这时视图中的标签将变为总额百分占比。此外，单击标签，可对标签的格式、表达方式等进行设置。

步骤 5：设置大小和颜色与此类似，拖放字段到"大小"，视图中的标记会根据该字段改变大小。需要注意的是，颜色和大小只能放一个字段，但是标签可以放多个字段。

2. 详细信息

详细信息的功能是依据拖放的字段对视图进行分解细化。

步骤 1：以圆图为例，将"省市"拖放到列功能区，"当期值"拖放到行功能区，标记类型选择"圆"（见图 7-19）。这时每个圆点所代表的值其实是各个用电类别 6 个月的总和。

步骤 2：将维度字段"用电类别"拖到标记卡的"详细信息"项，Tableau 会依据"用电类别"进行分解细化，这时每个圆点变为多个圆点，每一个点代表相应省市某一用电类别的总和。将维度字段"统计周期"拖放到"详细信息"项并选择按"月"（Tableau 默认的是按"年"），这时每个点再次解聚，每个点表示该省某月某用电类别总和（见图 7-20）。

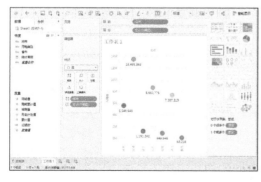
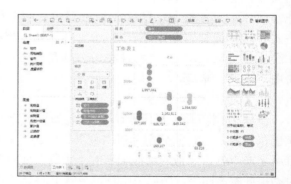

图 7-19　设置详细信息　　　图 7-20　依据"用电类别"和"月（统计周期）"的详细信息

其实，直接将字段拖放到"标记"卡的下方就可以表示详细信息，并且颜色、大小、标签都具有与详细信息搭配使用的功能。

3. 工具提示

步骤1：当鼠标移至视图中的标记上时，会自动跳出一个显示该标记信息的框，出现提示信息，这便是工具提示的作用。

步骤2：单击"工具提示"可以看到工具提示的内容，可对这些内容进行删除、更改格式、排版等操作。Tableau会自动将"标记"卡和行、列功能区的字段添加到工具提示中，如果还需要添加其他信息，只需将相应的字段拖放到"标记"卡中。

实验确认：☐ 学生 ☐ 教师

7.6.3 筛选器

有时候只想让Tableau展示数据的某一部分，如只看某个月份的售电量、只看某地区各省情况、只看用电量大于某个值的数据等，这时可通过筛选器完成上述选择。拖放任一字段（无论是维度还是度量）到筛选器卡里，都会成为该视图的筛选器。

步骤1：如果让视图里只显示"大工业"的点，只需要将字段"用电类别"拖放到筛选器卡，这时Tableau会自动弹出一个对话框，单击"从列表中选择"选项就会显示"用电类别"的内容，这里可直接选择想展现的用电类别，如大工业（见图7-21）。单击"确定"后字段"用电类别"就显示在筛选器中了。

步骤2：Tableau提供了多种筛选方式，在筛选器上方可以看到"常规""通配符""条件"和"顶部"选项，每一个选项之下都有相应的筛选方式，这大大丰富了筛选操作形式。

图7-21 添加筛选器

实验确认：☐ 学生 ☐ 教师

7.6.4 页面

将一个字段拖放到页面卡会形成一个页面播放器，播放器可让工作表更灵活。

步骤1：为了更好地展示页面功能，我们单击屏幕下方的"新建工作表"按钮新建一个工作表。

步骤2：将维度字段"统计周期"拖放到列，Tableau默认"统计周期"为"年"，将其调整为"月"，将度量字段"当期值"拖放到行，标记类型选择为"圆"。

步骤3：将维度字段"统计周期"拖放到页面卡，这时页面卡中会出现"年（统计周期）"播放器（见图7-22）。

步骤4：将播放器日期显示的"年（统计周期）"调整为"月（统计周期）"。在工具栏中单击"演示模式"按钮，可以让视图动态播放出来，这时，可在演示屏幕的右侧调整播放的效果，按〈Esc〉键可退出演示模式。

（或者，单击工具栏右侧的"智能显示"按钮，关闭"智能显示"栏，可以直接操作播放器右侧的"演示模式"按钮，对照见图7-23。）

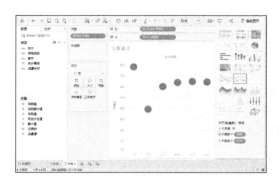

图 7-22 设置页面播放器（按年）　　　　　图 7-23 设置页面播放器（按月）

实验确认：□ 学生 □ 教师

7.6.5　智能显示

单击 Tableau 工具栏右端的"智能显示"按钮，可打开和关闭"智能显示"栏，"智能显示"栏中显示了 24 种可以快速创建的基本图形。将鼠标移动到任意图形上，栏目下方都会显示作该图需要的字段要求。如将鼠标移动到符号地图上，下方会显示"1 个地理维度，0 个或多个维度，0 至 2 个度量"，这表明创建该视图必须要一个地理类型的字段类型，度量不能超过 2 个。

步骤 1：新建一个工作表。

步骤 2：单击维度字段"省市"右侧的小箭头按钮，在弹出菜单中指向"地理角色"项，单击"省/市/自治区"项，将"省市"字段设置为地理数据类型。

步骤 3：将地理维度字段"省市"拖到行功能区，度量字段"当期值"拖放到列功能区，这时候发现"智能显示"栏的某些图形高亮了，高亮的图形表示用目前的字段可以快速创建的图形。单击"智能显示"栏中的"符号地图"，符号地图就创建完成了。这时，可以发现行、列功能区的内容变为"经度（生成）""纬度（生成）"字段，"省市"在"标记"卡中表示详细信息，符号大小表示"当期值"（见图 7-24）。

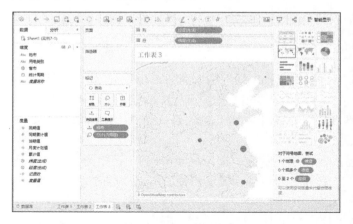

图 7-24 绘制符号地图

实验确认：□ 学生 □ 教师

7.6.6 度量名称和度量值

度量名称和度量值都是成对使用的，目的是将处于不同列的数据用一个轴展示出来。当想同时看各省当期值和同期值时，拖放"省市"到列功能区，再分别拖放"当期值"和"同期值"到行功能区，可以看到，图中出现了当期值和同期值两条纵轴。

下面我们利用度量值和度量名称来完成两列不同数据共用一个轴的操作。

步骤1：新建一工作表。

步骤2：将维度字段"省市"拖放到列功能区，再将度量字段"度量值"拖放到行功能区，这时在窗口左下方"度量值"区域会显示出包含了哪些度量，Tableau 默认的度量值会包含所有的度量。由于只需要当期值和同期值，因此，单击"行"域中"度量值"右边的小三角形，单击"筛选器"命令，在"筛选器"对话框中只保留勾选"当期值"和"同期值"。

步骤3：将"度量名称"拖放到"颜色"，这时柱状图按颜色分成了当期值和同期值，二者共用一个纵轴（见图 7-25a）。如果习惯将当期值和同期值分开为两个柱子，只需将"度量名称"拖放到列功能区，放置在"省市"的右边（见图 7-25b）。

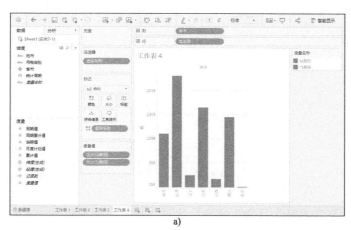

a)

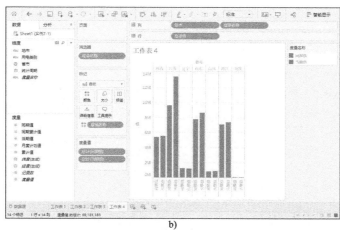

b)

图 7-25　度量名称与度量值

事实上，可以利用"智能显示"快速完成双柱图形，在"智能显示"里双柱图称为并排图，把鼠标放上去会显示完成该图需要"1 个或多个维度，1 个或多个度量，至少需要 3 个字段"。将维度字段"省市"拖放到列功能区，将"当期值"和"同期值"拖放到行功能区，这时并排图被高亮，单击即可完成。

实验确认：☐ 学生 ☐ 教师

7.7 创建仪表板

完成所有工作表的视图后，便可以将其组织在仪表板中了。

步骤 1：单击下方的新建仪表板，进入到仪表板工作区（见图 7-26）。

图 7-26 仪表板工作区

步骤 2：创建仪表板也是用拖放的方法，将创建好的工作表拖放到右侧排版区，并按照一定的布局排版好（见图 7-27）。

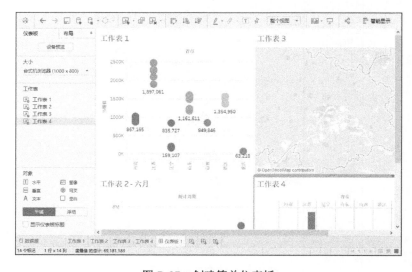

图 7-27 创建简单仪表板

创建完仪表板后，应当将结果保存在 Tableau 工作簿中。为此，选择"文件"→"保存"命令，进行保存。保存的类型可以是 Tableau 工作簿（*.twb），该类型将所有工作表及其连接信息保存在工作簿文件中但不包括数据；也可以是 Tableau 打包工作簿（*.twbx），该类型包含所有工作表、其连接信息以及任何其他资源如数据、背景图片等。

至此，以一个简单案例介绍了 Tableau 从连接数据到最后保存工作簿的过程，介绍了如何利用功能区创建视图，以便读者熟悉 Tableau 拖放的作图方法。

实验确认：□ 学生　□ 教师

【实验与思考】熟悉 Tableau 数据可视化设计

1. 实验目的

（1）通过课文中介绍的一个电力系统简单案例，尝试实际执行 Tableau 数据可视化设计的各项基本步骤，以熟悉 Tableau 数据可视化设计技巧，提高大数据可视化应用能力。

（2）欣赏 Tableau 数据可视化优秀作品，了解 Tableau 数据可视化设计能力。

2. 工具/准备工作

在开始本实验之前，请认真阅读课程的相关内容。

需要准备一台安装有 Tableau Desktop（参考版本为 10.5）软件的计算机。

3. 实验内容与步骤

（1）Tableau 数据可视化设计实践

这一章中，以一个电力系统的简单案例介绍了 Tableau 从连接数据到最后保存工作簿的过程，介绍了利用功能区创建视图，以帮助大家熟悉 Tableau 拖放式的作图方法。

请仔细阅读本章的课文内容，执行其中的 Tableau 数据可视化操作，实际体验 Tableau 数据可视化的设计步骤。请在执行过程中对操作关键点做好标注，在对应的"实验确认"栏中打钩（√），并请实验指导老师指导并确认。（据此作为本【实验与思考】的作业评分依据。）

请记录：你是否完成了上述各个实例的实验操作？如果不能顺利完成，请分析可能的原因是什么？

答：_____

_____

_____

（2）浏览 Tableau 可视化库

登录 Tableau（中文简体）官方网站 https://www.tableau.com/zh-cn，将鼠标指针指向屏幕上方的"解决方案"项，在屏幕右侧弹出的选项（右侧）中选择"可视化库"，打开 Tableau 可视化库。

请浏览 Tableau 可视化库，其中包含了十分丰富的 Tableau 可视化优秀作品，这些（动态）优秀作品都可以通过互动操作深入、广泛地了解更多的相关信息。

请记录：通过浏览，你对 Tableau 软件的可视化数据分析能力的评价是：

答：_____

_____

_____

4. 实验总结

_____

_____

_____

5. 实验评价（教师）

_____

_____

_____

第8章 Tableau 数据管理

【导读案例】Tableau 案例分析：世界指标——人口

为方便用户观察和理解，Tableau 软件自带了精心设计的世界指标、中国分析和示例超市这样三个典型应用案例，通过这些案例，全面展示了 Tableau 强大的大数据可视化分析功能。

有条件的读者，请在阅读这部分【导读案例】时，打开 Tableau 软件，在其开始页面中单击打开典型案例"世界指标"，以研究性态度动态地观察和阅读，以深入了解 Tableau。

在典型案例"世界指标"工作界面的下方，列举了 8 个工作表，即人口、健康指标、医疗支出、技术、经济、旅游业、商业和全球指标，分别展示了现实世界的若干侧面。

对于人口工作表视图，在右侧"区域"选项组中单击下拉列表可以选择全部、大洋洲、非洲、美洲、欧洲、亚洲、中东，以分地区钻取详细信息；"出生率数据桶"选项组提示了视图中 3 种颜色分别代表低于 1.5%、1.5%～3%和高于 3%的出生率信息。

阅读视图，通过移动鼠标，分析和钻取相关信息并简单记录。

（1） 美国：人口＿＿＿＿＿＿＿＿＿M（10^6），出生率＿＿＿＿＿＿＿％；

德国：人口＿＿＿＿＿＿＿＿＿M（10^6），出生率＿＿＿＿＿＿＿％；

中国：人口＿＿＿＿＿＿＿＿＿M（10^6），出生率＿＿＿＿＿＿＿％；

（2）符号地图中，圆面积越大，说明什么？

答：＿＿＿＿＿＿＿＿＿＿＿＿＿＿＿＿＿＿＿＿＿＿＿＿＿＿＿＿＿＿＿＿＿＿＿＿＿

2012 年世界上人口数最大的 5 个国家是：

答：＿＿＿＿＿＿＿＿＿＿＿＿＿＿＿＿＿＿＿＿＿＿＿＿＿＿＿＿＿＿＿＿＿＿＿＿＿

（3）符号地图中，2012 年人口出生率较高的 3 个国家是：

答：＿＿＿＿＿＿＿＿＿＿＿＿＿＿＿＿＿＿＿＿＿＿＿＿＿＿＿＿＿＿＿＿＿＿＿＿＿

人口出生率较高的国家主要分布在世界上哪些地区？这些国家的共同特点是什么？

答：＿＿＿＿＿＿＿＿＿＿＿＿＿＿＿＿＿＿＿＿＿＿＿＿＿＿＿＿＿＿＿＿＿＿＿＿＿

＿＿＿＿＿＿＿＿＿＿＿＿＿＿＿＿＿＿＿＿＿＿＿＿＿＿＿＿＿＿＿＿＿＿＿＿＿＿＿

＿＿＿＿＿＿＿＿＿＿＿＿＿＿＿＿＿＿＿＿＿＿＿＿＿＿＿＿＿＿＿＿＿＿＿＿＿＿＿

（4）通过信息钻取，你还获得了哪些信息或产生了什么想法？

答：＿＿＿＿＿＿＿＿＿＿＿＿＿＿＿＿＿＿＿＿＿＿＿＿＿＿＿＿＿＿＿＿＿＿＿＿＿

＿＿＿＿＿＿＿＿＿＿＿＿＿＿＿＿＿＿＿＿＿＿＿＿＿＿＿＿＿＿＿＿＿＿＿＿＿＿＿

＿＿＿＿＿＿＿＿＿＿＿＿＿＿＿＿＿＿＿＿＿＿＿＿＿＿＿＿＿＿＿＿＿＿＿＿＿＿＿

＿＿＿＿＿＿＿＿＿＿＿＿＿＿＿＿＿＿＿＿＿＿＿＿＿＿＿＿＿＿＿＿＿＿＿＿＿＿＿

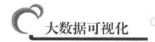

（5）请简单描述你所知道的上一周发生的国际、国内或者身边的大事。

答：_____

_____

_____

_____

_____

8.1　Tableau 数据架构

连接数据源是利用 Tableau 进行数据分析的第一步，Tableau 拥有强大的数据连接能力，支持几乎所有的主流数据源类型，并支持多表联接查询和多数据源数据关联。

Tableau 的元数据管理可以细分为数据连接层（Connection）、数据模型层（Data Model）和数据可视化层（VizQL）。其中，可视化层中使用的 VizQL 是以数据连接层和数据模型层为基础的 Tableau 核心技术，对数据源（包括数据连接层和数据模型层）非常敏感。Tableau 这样的三层设计，既可以让不了解元数据管理的普通业务人员进行快速分析，又方便了专业技术人员进行一定程度的扩展。

8.1.1　数据连接层

数据连接层决定如何访问源数据和获取哪些数据。数据连接层的数据连接信息包括数据库、数据表、数据视图、数据列，以及用于获取数据的表连接和 SQL 脚本，但是数据连接层不保存任何源数据。

在 Tableau 的各个版本中，数据连接层支持的数据类型都非常丰富，用户可以方便地对 Tableau 工作簿的数据连接进行修改，例如，将一系列仪表板的数据连接从测试数据库切换到生产数据库，只需要编辑数据连接，变更连接信息，Tableau 会自动处理所有字段的实现细节。

Tableau 支持传统的关系数据源（如 MySQL、Oracle、IBM DB2）、多维数据源（如 Oracle Essbase、Microsoft Analysis Services、Teradata OLAP Connector）、Hadoop 系列产品中的数据源（如 Cloudera Hadoop、Hortonworks Hadoop Hive、MapR Hadoop Hive）、Tableau 数据提取、Web 数据源（如 Google Analysis、Google BigQuery）、本地文件（如 Excel、文本文件）等多种类别。可通过 Tableau Desktop、Tableau Serve 新建数据源，还可以把数据源发布到 Tableau Server。

8.1.2　数据模型层

关系数据库中的数据可以在 Tableau 的数据模型层进行一定程度的数据建模工作，主要内容包括管理字段的数据类型、角色、默认值、别名，以及用户定义的计算字段、集和组等。例如，如果在数据库中删除字段，那么在 Tableau 工作表中对应的字段会被自动移除，或者自动映射到别的替代字段。

不论数据源来自哪种服务器，在完成数据连接后，Tableau 会自动判断字段的角色，把字段分为维度字段和度量字段两类。如果所连接数据是多维数据源，Tableau 会直接获取数据立方体维度和度量信息；如果连接的是关系数据源，Tableau 会根据其数据来判断该字段是维度字段还是度量字段。

Tableau 可以识别出多维数据源中预先定义好的分层结构。由于多维数据源的特性，Tableau 引入的多维数据源本身已经是一种聚合的形式，无法再进行进一步的聚合，并且维度字段将不能随意改变组织形式（如分组、创建分层结构、角色转换）和参与计算，同时度量字段也不能使用分级和改变角色。

8.2　数据连接

在 Tableau 中创建视图，首先需要新建数据源。打开 Tableau 软件后，在开始页面左上角"连接"字符上方单击星空符号，进入 Tableau 工作表工作区。之后，在工具栏单击"新建数据源"按钮，也可以在菜单栏选择"数据"→"新建数据源"命令，在显示的下级界面中会看到 Tableau 支持的数据源类型（见图 8-1）。

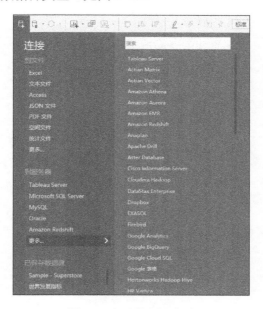

图 8-1　部分数据源类型

8.2.1　连接文件数据源

为通过 Tableau 快速连接到电子表格、Access、Tableau 工作簿等各类文件数据源，可按以下步骤执行。

步骤 1：连接到电子表格。在文件数据源中最常用的是电子表格。以 Microsoft Excel 文件为例，单击 Excel，在"打开"对话框的左窗格中选择"文档"（文档库），在右窗格中双击"我的 Tableau 存储库"→"数据源"→"10.3"（指 10.3 版）→"zh_CN-China"（指简体中文版），双击打开其中的 Excel"示例-超市"文件（见图 8-2）。

图 8-2　连接 Excel 示例

步骤 2：根据界面上部"将工作表拖到此处"的提示，将表"订单"拖入中部框内（双击此表也可），这时可在界面下方看到"订单"工作表的数据（见图 8-3）。

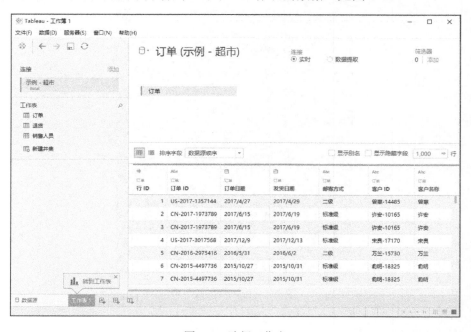

图 8-3　选择工作表

步骤 3：单击"工作表 1"即进入工作区界面，此时已成功连接到了 Excel 数据源。

步骤 4：如果需要在下次使用时快速打开数据连接，可以将该数据连接添加到"已保存数据源"中，为此，选择"数据"→"<数据源名称>"→"添加到已保存的数据源"，在弹出的对话框中选择"保存"即可（见图 8-4）。

图 8-4　添加到已保存的数据源

再次打开 Tableau 时，在开始界面就可以直接连接到已保存数据源。

步骤 5：连接到 Access 文件。连接到 Microsoft Access 数据源的操作步骤与连接到电子表格基本类似。所不同的是，在选定数据表的界面左下角会出现"新自定义 SQL"选项，熟悉 SQL 的用户可以选择使用 SQL 查询连接数据。

8.2.2　连接服务器数据源

在新建数据源界面中，"到服务器"栏中列出了 Tableau 所支持的各类服务器数据源，用户可以根据需要进行选择。Tableau 新版本支持对 Web 数据源及当前热门的几类云端数据库（如 Amazon Aurora、Google Cloud SQL、Microsoft Azure）的连接。

8.2.3　组织数据

创建数据源的另外一种方式是将数据复制粘贴到 Tableau 中，Tableau 会根据复制数据自动创建数据源。用户可以直接复制的数据包括 Microsoft Excel 和 Word 在内的 Office 应用程序数据、网页中 HTML 格式的表格、用逗号或制表符分隔的文本文件数据。

直接使用数据源的全量数据，在视图设计时可能会导致工作表响应迟缓。如果仅希望对部分数据进行分析，可以使用数据源筛选器。可以在新建数据源时选择筛选器，也可以在完成数据连接后，对数据源添加筛选器。

在数据连接时应用筛选器。单击工作界面左下方的"数据源"，返回图 8-3 所示界面，选择"筛选器"→"添加"选项（见图 8-5）。

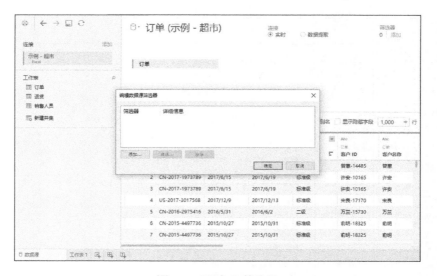

图 8-5 "添加"筛选器

在"编辑数据源筛选器"对话框中单击"添加"按钮，随即进入"添加筛选器"对话框。例如，选择"订单日期"作为筛选字段，接着在"筛选器字段（订单日期）"中选择"年"，再指定年份为 2014，单击"确定"后回到"编辑数据源"界面，可以预览筛选后的数据。

针对数据源应用筛选器。在完成数据连接后，可以选择"数据"→"<数据源名称>"→"编辑数据源筛选器"命令，后续步骤与在数据连接时应用筛选器的步骤一致。

8.2.4 实现多表联接

在实际可视化分析过程中，数据可能来自多张数据表，也可能来自不同的文件或者服务器。Tableau 的数据整合功能可实现同一数据源的多表联接、多个数据源的数据融合。

在分析中，已经添加了数据源信息，但要开展进一步数据分析需要新的信息，可通过选择"数据"→"<数据源名称>"→"编辑数据源"命令，将相关信息表加入到中心区域，Tableau 会自动建立信息表的联接。当两表之间无法自动生成表联接时，会显示警示信息。

如果不希望按照 Tableau 默认的方式进行表间数据联接，用户也可以选择指定表联接方式。有 4 种联接类型，默认选择的是"内部"联接，其他选项还包括"左侧""右侧""完全外部"联接等。其中"内部"只列出与联接条件匹配的数据行，"左侧"表示不仅包含查询结果集合中符合联接条件的行，而且还包括左表的所有数据行；"右侧"表示不仅包含查询结果集合中的符合联接条件的行，而且还包括右表的所有数据行；"完全外部"表示包含查询结果集合中的包含左、右表的所有数据行。

实验确认：口 学生 口 教师

8.3 数据维护

新建数据源是用户进行数据准备的第一步，在后续工作中，用户需要通过直接查看数据，验证数据连接是否成功；通过添加数据源筛选器，限定分析的数据范围；通过刷新数据源操作，保持分析的数据更新。

8.3.1 刷新数据源

选择"数据"→"复制数据源"命令，可将数据复制到粘贴板。

当数据源中的数据发生变化后（包括添加新字段或行，更改数据值或字段名称，删除数据或字段），需要重新执行新建数据源操作，才能反映这些修改；另外，也可以执行刷新操作，在不断开连接的情况下即时更新数据。为此，选择"数据"→"刷新数据源"命令即可。

如果工作薄中视图所使用的数据源字段被移除，那么完成刷新数据操作后，将显示一条警告消息，说明该字段将从视图中移除。由于缺少该字段，工作表中使用该字段的视图将无法正确显示。

8.3.2 关闭数据源

可以关闭原有数据源连接，方法是选择"数据"→"关闭数据源"命令，直接关闭数据源。

执行关闭数据源操作后，被关闭数据源将从数据源窗口中移除，所有使用了被删除数据源的工作表也将被一同删除。

实验确认：□ 学生 □ 教师

【实验与思考】熟悉 Tableau 数据管理操作

1. 实验目的

以 Tableau 系统提供的 Excel "示例-超市"文件作为数据源，依照本章教学内容，循序渐进地实际完成 Tableau 数据管理各个案例，熟悉 Tableau 数据处理技巧，提高大数据可视化应用能力。

2. 工具/准备工作

在开始本实验之前，请认真阅读课程的相关内容。

需要准备一台安装有 Tableau Desktop（参考版本为 10.5）软件的计算机。

3. 实验内容与步骤

（1）体验本章关于 Tableau 数据管理的各项功能。

本章以 Tableau 系统自带的 Excel "示例-超市"文件为数据源，介绍了 Tableau 数据管理的各项操作。

请仔细阅读本章的课文内容，执行其中的 Tableau 数据管理操作，实际体验 Tableau 数据管理的处理方法与步骤。请在执行过程中对操作关键点做好标注，在对应的"实验确

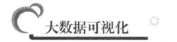

认"栏中打钩（√），并请实验指导老师指导并确认。（据此作为本【实验与思考】的作业评分依据。）

请记录：你是否完成了上述各个实例的实验操作？如果不能顺利完成，请分析可能的原因是什么？

答：_____

_____

_____

_____

（2）浏览 Tableau 可视化库。

登录 Tableau（中文简体）官方网站 https://www.tableau.com/zh-cn，将鼠标指针指向屏幕上方的"解决方案"选项，在屏幕右侧弹出的选项（右侧）中单击"可视化库"，打开 Tableau 可视化库（见图 8-6）。

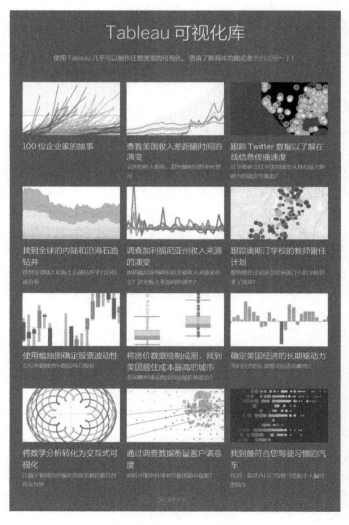

图 8-6　Tableau 可视化库

请浏览 Tableau 可视化库，其中包含了十分丰富的 Tableau 可视化优秀作品，这些（动态）优秀作品都可以通过互动操作深入或者广泛了解更多的相关信息。

请记录： 通过浏览，你对 Tableau 软件的可视化数据分析能力的评价是:

答: _____

_____

_____

_____

4. 实验总结

_____

_____

_____

_____

_____

5. 实验评价（教师）

_____

_____

第9章 Tableau 可视化分析

【导读案例】Tableau 案例分析：世界指标——医疗支出

为帮助用户观察和理解，随 Tableau 软件自带了精心设计的世界指标、中国分析和示例超市这 3 个典型应用案例，通过这些案例，全面展示了 Tableau 强大的大数据可视化分析功能。

有条件的读者，请在阅读这部分【导读案例】时，打开 Tableau 软件，在其开始页面中打开典型案例"世界指标"，以研究性态度动态地观察和阅读，以深入了解 Tableau。

在典型案例"世界指标"工作界面的下方，列举了 8 个工作表，即人口、健康指标、医疗支出、技术、经济、旅游业、商业和全球指标，分别展示了现实世界的若干侧面，其中医疗支出工作表视图如图 9-1 所示。

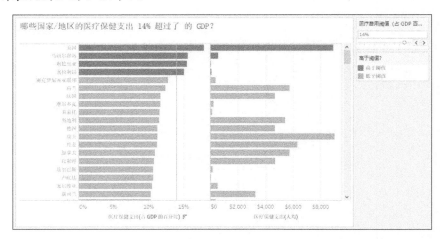

图 9-1　世界指标——医疗支出

见图 9-1，右侧有个"医疗费用阈值"选项组，拖动或者单击其中的游标，可以设定不同的阈值。注意观察视图，当调整阈值设定时，视图内标题、参考线、条形图的颜色等都会随之变动，反映不同的分析结果。视图中用不同颜色来直观地区分低于选值和高于选值的不同数据。视图左右分别显示了医疗保健支出和人均医疗保健支出。

阅读视图，通过移动鼠标，分析和钻取相关信息并简单记录。

（1）所谓 GDP，是指：

答：＿＿＿＿＿＿＿＿＿＿＿＿＿＿＿＿＿＿＿＿＿＿＿＿＿＿＿＿＿＿＿＿＿＿＿＿

请记录： 美国：人均医疗保健支出＿＿＿＿＿＿＿＿＿（$），占 GDP＿＿＿＿＿＿＿＿％；

德国：人均医疗保健支出＿＿＿＿＿＿＿＿＿（$），占 GDP＿＿＿＿＿＿＿＿％；

中国：人均医疗保健支出＿＿＿＿＿＿＿＿＿（$），占 GDP＿＿＿＿＿＿＿＿％；

塞浦路斯：人均医疗保健支出＿＿＿＿＿＿＿＿＿（$），占 GDP＿＿＿＿＿＿＿＿％。

你认为医疗保健支出占 GDP 百分比低，可能是因为：

☐ 社会福利好，人民享受免费医疗   ☐ 自然环境好，不生病医疗开销少

（2）通过信息钻取，你还获得了哪些信息或产生了什么想法？

答：＿＿

＿＿

＿＿

＿＿

（3）请简单描述你所知道的上一周发生的国际、国内或者身边的大事。

答：＿＿

＿＿

＿＿

＿＿

9.1 条形图与直方图

数据准备： 本章中，以 Tableau 系统提供的 Excel "示例-超市" 文件作为数据源，来学习和练习各种数据分析图表的 Tableau 可视化分析方法。

在 Tableau 开始界面 "连接" 栏中单击 Excel，在文件夹中选择 "示例-超市" Excel 文件，单击 "打开" 按钮。在数据源窗口中，将屏幕左侧的订单工作表拖到上部窗格中，屏幕显示如图 8-4 所示。

条形图，又称条状图、柱状图、柱形图，是最常使用的图表类型之一，它通过垂直或水平的条形展示维度字段的分布情况。水平方向的条形图即为一般意义上的条形图，垂直方向的条形图通常称为柱形图。

直方图，又称质量分布图、柱状图，是一种统计报告图，它由一系列高度不等的纵向条纹或线段表示数据分布的情况，一般用横轴表示数据类型，纵轴表示分布情况。作直方图的目的就是通过观察图的形状，判断生产过程是否稳定，预测生产过程的质量。

9.1.1 条形图与直方图的区别

直方图与条形图不同。条形图的横轴为单个类别，不用考虑纵轴上的度量值，用条形的长度表示各类别数量的多少；而直方图的横轴为对分析类别的分组（Tableau 中称为分级 bin），横轴宽度表示各组的组距，纵轴代表每级样本数量的多少。

由于分组数据具有连续性，直方图的各矩形通常是连续排列，而条形图则是分开排列。再者，条形图主要用于展示分类数据，而直方图则主要用于展示数据型数据。虽然可以用条形图来近似地模拟直方图，但由于条形图的 X 轴是分类轴，不是刻度轴，因此，它不是严格意义上的直方图。使用直方图分析时，样本数据量最好在 50 个以上。

9.1.2　条形图

条形图最适宜比较不同类别的大小，需注意纵轴应从 0 开始，否则很容易产生误导。

创建一个用于查看销售额对比的水平/垂直条形图，步骤如下。

步骤 1：单击"工作表 1"，可调整国家、地区、城市、省/自治区等维度的属性为"地理角色"。

步骤 2：在工作表界面中，将维度"订单日期"字段拖到筛选器，在弹出的筛选器字段对话框中选择日期类型为"年/月"，单击"下一步"按钮，再在弹出的对话框中把统计周期限制为"2014 年 12 月"，单击"确定"按钮。

步骤 3：将维度"省/自治区/直辖市"拖至行功能区，度量"销售额"拖至列功能区，生成如图 9-2 所示的图表。

步骤 4：单击工具栏中的"交换"按钮，将水平条形图转置为垂直条形图，单击"降序排序"按钮，分省销售额将按降序排列（见图 9-3）。

步骤 5：将维度"类别"拖至标记卡上的"颜色"，生成堆积条形图，继续查看分省销售额按类别的分布情况（见图 9-4）。

可以发现，当"省市"维度字段的成员过多时，生成的堆积条形图不够直观，可对堆积条形图中各类别进行升降排序。

步骤 6：鼠标指向"类别"图例卡，单击其右侧的下拉菜单按钮，单击"排序"命令，在出现的排序窗口中对排序进行设置。窗口中显示有多种排序方式，包括升序、降序以及升降排序的依据，此外，还可以手动编辑顺序等。为使图表颜色更好看，还可对各用电类别颜色进行编辑。

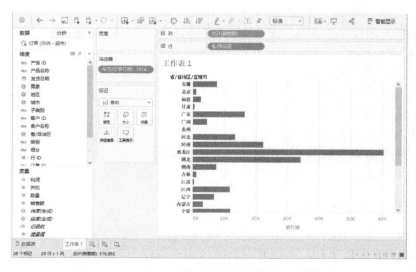

图 9-2　2014 年 12 月分省/自治区/直辖市销售额对比

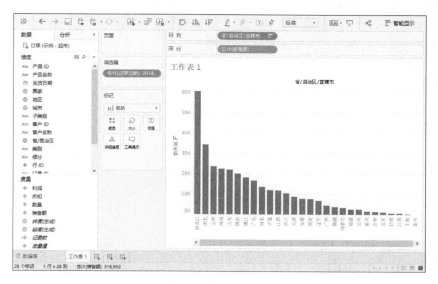

图 9-3　对水平条形图进行交换、降序排列

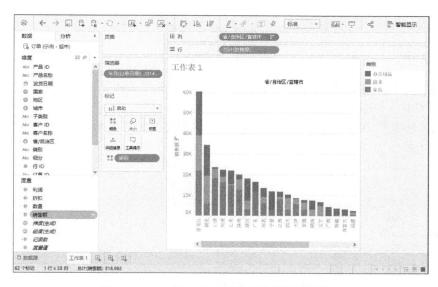

图 9-4　2014 年 12 月分省市销售额分类别分布

实验确认：□ 学生 □ 教师

9.1.3　直方图

直方图对类别进行分组统计。分组的原因可能是因为类别是连续的，或者类别虽然离散但是数量过多，可以视为近似于连续，当然也可以基于某种业务需要。

例如，比较分析示例超市的销售结构，可考虑将销售额分级为不同的组别，再对各组别的销售额进行统计，具体步骤如下。

步骤 1：以 Excel"示例-超市"文件作为数据源并创建级。

在数据窗口中选择度量"销售额"并右击，在弹出的快捷菜单中选择"创建"→"数据桶"命令（见图 9-5a），在弹出的"创建级"对话框中，编辑新字段的名称和组距。为帮助确定最佳组距，按"加载"显示值范围，包括最大值、最小值和差异（最大值-最小值）。值范围可以帮助调整设定数据桶大小（Tableau 默认为 10），数据桶大小也就是直方图中常说的组距，这里设定为 1000（见图 9-5b）。

a)

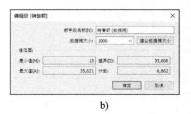

b)

图 9-5　创建级字段

因对度量分级创建的"销售额（数据桶）"字段为维度字段，故该级字段显示在数据窗口的维度区域中，并在字段名称前附有字段图标。

步骤 2：将度量"销售额"拖至行功能区，将新建的级"销售额（数据桶）"字段拖至列功能区，生成如图 9-6 所示的图表。

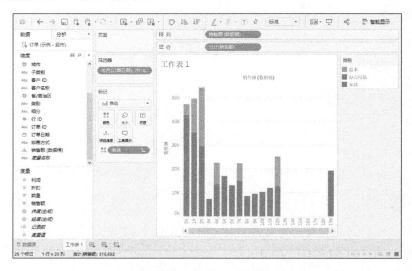

图 9-6　销售额分组统计直方图

图 9-6 中，每个级标签代表的是该级所分配的数字范围的下限（含下限）。例如，标签为 1K 的级的含义是：销售额大于或等于 1000 但小于 2000 的销售额组。可通过修改数据桶

大小来调整直方图的分级。

说明：还可以自动创建直方图，方法是：①在数据窗口中选择一个度量；②单击工具栏上的"智能显示"按钮；③选择直方图选项。

步骤 3：为各级编辑别名。因为自动生成的级仅显示该级的下限，容易产生误导。以修改"18K"的标签为例，右击"18K"级标签，在弹出的快捷菜单中选择"编辑别名"，然后修改为"18-19K"。

实验确认：□ 学生 □ 教师

9.2 饼图

饼图又称圆饼图。相对于饼图，多数统计学家更推荐使用条形图或折线图，因为相对于面积，人们对长度的认识更精确。在使用饼图进行可视化分析时，需要注意的事项如下。

（1）分块越少越好，最好不多于 4 块，且每块必须足够大。

（2）确保各分块占比的总计是 100%。

（3）避免在分块中使用过多标签。

以分析"2014 年 12 月销售额中分类别占比情况"为例，介绍创建饼图的操作步骤。

步骤 1："示例-超市"中，商品大类分为"办公用品""技术""家具"三类。

如果认为类别分类过多，直接画出的饼图不够直观，这时可以利用分组来降低类别的成员数量。例如，将部分类别成员归为一组"其他类别"，可右击"类别"，在弹出的快捷菜单中选择"创建"→"组"命令，在"创建组 [类别]"对话框中按住〈Ctrl〉键选择要分为一组的成员，单击"分组"按钮即可。

步骤 2：将字段"订单日期"拖放到筛选器，选择"2014 年 12 月"。

将字段"类别"拖至"标记"卡的"颜色"，并设置"标记"类型为"饼图"，这时"标记"卡中出现"角度"选项。

步骤 3：将度量"销售额"拖至"角度"后，饼图将根据该度量的数值大小改变饼图扇形角度的大小，从而生成占比图。

步骤 4：为饼图添加占比信息。将维度"类别"及度量"销售额"拖至"标记"卡中的"标签"，并右击"销售额"标签，在弹出的快捷菜单中选择"快速表计算"→"总额百分比"命令，添加占比信息后的图表如图 9-7 所示。

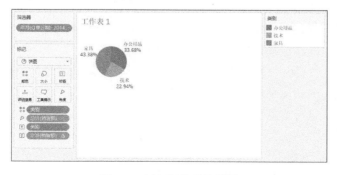

图 9-7　添加标签后的饼图

绘制图表后，可在饼图各个扇区单击，分别关注不同扇区。

实验确认：□ 学生 □ 教师

9.3 折线图

折线图是一种使用率很高的统计图形，它以折线的上升或下降来表示统计数量的增减变化趋势，最适用于时间序列的数据。与条形图相比，折线图不仅可以表示数量的多少，而且可以直观地反映同一事物随时间序列发展变化的趋势。

下面以分析"示例-超市""月销售额趋势"为例，介绍创建基本折线图的操作步骤。

步骤 1：将"销售额"拖至行功能区，"订单日期"拖至列功能区，并通过右击快捷菜单将其日期级别设为"月"。设置"标记"类型为"线"，这时"标记"卡中出现"路径"选项。

步骤 2：单击"标记"卡处的颜色，在弹出的对话框的"标记"选项组中选择中间的"全部"选项，这时图表中的线段上将出现小圆的标记符号（见图9-8）。

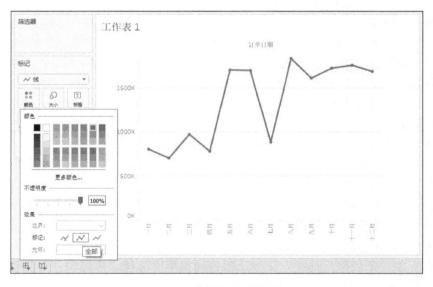

图9-8　为折线图添加标记

有时并不满足于标记为一个小圆点，若要标记为一个方形，可以画一个折线图和一个自定义形状的圆图，然后通过双轴来完成，步骤如下。

步骤 1：再次拖放字段"销售额"到行功能区，这时会出现两个折线图，选择其中一个折线图，在"标记"卡右侧单击，将标记类型改为方形。可单击"标记"卡中的"大小"按钮对方形大小进行调整（见图9-9）。

步骤 2：右击行功能区右端的"总计（销售额）"，在弹出的快捷菜单中选择"双轴"命令。由于两轴的坐标轴均为"当期值"，因此右击右边的纵轴，在弹出的快捷菜单中选择"同步轴"命令，完成双轴图表（见图9-10）。

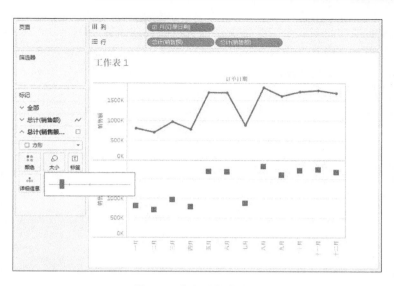

图 9-9 定义形状为方形

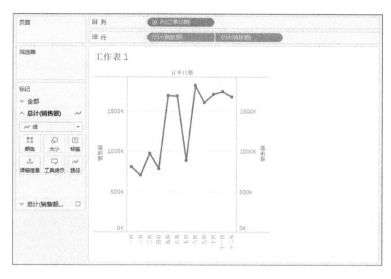

图 9-10 双轴创建图表

实验确认：□ 学生 □ 教师

9.4 压力图与突显表

当数据量较大时，可以选择使用压力图（包括突显表）或树形图来进行分析。如果需要利用表格展示数据的同时又需要突出重点信息，可选择使用突显表。

9.4.1 压力图

压力图（又称热图、热力图）是表格中数字的可视化表示，通过对较大的数字编码为较深的颜色或较大的尺寸，对较小的数字编码为较浅的颜色或较小的尺寸，来帮助用户快速地在众多数据中识别异常点或重要数据。

步骤 1：将"省/自治区/直辖市"拖至行，将"销售额"拖至标记卡的"大小"上，得到图 9-11 所示的压力图。

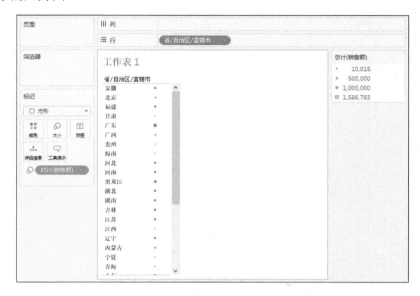

图 9-11 压力图——分省市销售额分析

可以看出，标记的大小代表了销售额的大小，标记越大值越大，标记越小值越小。在图中可以快速地发现重要数据，例如广东、黑龙江和山东在所有销售额中居于前三位。

步骤 2：可将"利润"拖至"标记"卡的"颜色"上，生成新的压力图。

新的压力图可以快速获取两指标的异常点。利润的大小由颜色表示，绿色越深代表利润值越大，相关企业经营成果越好；红色越深代表利润值越小，相关企业的亏损情况越严重。图表能够快速展现关联指标的关系以及数据的异常情况，快速定位数据异常点，并可结合对明细的钻取以及实际业务，理解发生异常的原因。

实验确认：□ 学生 □ 教师

9.4.2 突显表

与压力图类似，突显表的目的也是帮助分析人员在大量数据中迅速发现异常情况，但因其显示出具体数值，当数据量较大时对异常及重要数据难以辨识，故建议不要用突显表表示相关联指标的情况，而是仅突出显示一个指标（度量）的异常或重要信息。

步骤 1：将"省/自治区/直辖市"拖至行功能区，将"利润"分别拖至"标记"卡的"文本"及"颜色"上，将标记类型改为"方形"（这时"文本"项改为"标签"），得到图 9-12 所示的突显表。

可以看出，突显表通过各表格颜色的深浅，能够帮助分析人员非常直观、迅速地从大量数据中定位到关键数据，这一点和压力图使用标记大小帮助定位在本质上是相同的，而且突显表还显示了各项的值。

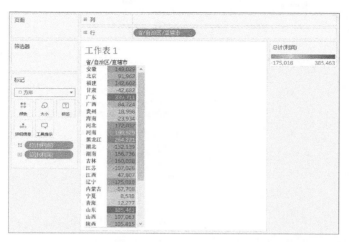

图9-12　一个指标的突显表——各省市累计利润情况表

步骤2： 使用突显表分析压力图中的例子，查看各省市销售额和利润中的异常点。将"销售额"拖至"标记卡"中的"颜色"，生成图9-13所示的图表。

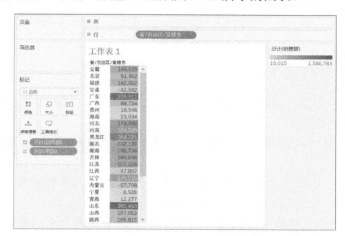

图9-13　两个指标的突显表——各省市销售额与利润情况表

图9-13中，表格中的数值表示利润的大小，单元格的颜色表示销售额的大小。由于利润由数值直接表达，传递信息不够直观，因此无法像压力图那样帮助用户快速看出两个关联指标的异常情况。

可见，突显表在表达关于一个度量"突出值"的情况下是非常有效的。

当有部分省市的利润为负值时，假设只想将利润为负的数据突出显示，可以进行下列操作。

步骤3： 将"省/自治区/直辖市"拖至行功能区，将"利润"分别拖至"标记"卡的"文本"及"颜色"上，生成图9-14左侧所示的图表。

步骤4： 在"标记"栏中右击"颜色"，在弹出的快捷菜单中选择"编辑颜色"，在弹出的对话框中，单击"色板"右侧的下拉按钮，选择最后的"自定义发散"颜色，并将两端设置为红色和黑色，渐变颜色设定为2，这时只有红和黑两种颜色。按照分析元素需要，让负数显示为红色，正数显示为黑色，即划分两种颜色的依据是正负，于是单击"高级"，设定中心为0，单击"确定"按钮（见图9-14）。可以看出，负值已用红色突出显示。

图 9-14　利润按数值大小用不同颜色显示

压力图和突显表都可以帮助分析人员快速发现异常数据，并对异常数据进行下钻，从而查看和分析引起异常的原因。

实验确认：□ 学生　□ 教师

9.5　树地图

树地图，也称树形图，是使用一组嵌套矩形来显示数据，同压力图一样，也是一种突出显示异常数据点或重要数据的方法。

分析"分省市累计利润总额的关系"，从图 9-4 所示界面开始，创建树地图的方法如下。

步骤 1：选择标记类型为"方形"，将"省/自治区/直辖市"拖放至"标签"，将"销售额"拖放至"大小"，这时图形的大小代表销售额累计。

步骤 2：将"利润"拖放至"颜色"，颜色深浅代表利润额大小，最后得到图 9-15 所示的树形图。

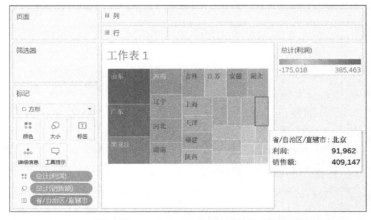

图 9-15　树地图——分省市累计销售额与利润总额关系

图 9-15 中，矩形的大小代表销售额的大小，颜色的深浅代表利润总额的大小。可以看出，山东、广东及黑龙江的累计销售额均排名全国前列；辽宁等地销售额较大但利润情况不佳；而一些省份的销售额虽小，但利润情况较好。

实验确认：□ 学生 □ 教师

9.6　气泡图与圆视图

气泡图，即 Tableau "智能显示" 卡上的 "填充气泡图"。每个气泡表示维度字段的一个取值，各个气泡的大小及颜色代表了一个或两个度量的值。Tableau 气泡图的特点是具有视觉吸引力，能够以非常直观的方式展示数据。

圆视图可以看作是气泡图的一种变形，通过给气泡图添加一个相关的维度，按不同的类别分析气泡，并依据度量的大小，将所有气泡有序地排列起来，表现较气泡图更为清晰。

9.6.1　气泡图

下面以分析 "分省市销售额的大小" 为例，介绍创建填充气泡图的操作步骤及分析方法。

步骤 1：加载数据源，将 "省/自治区/直辖市" 分别拖至 "标记" 卡的 "颜色" 和 "标签"，将 "销售额" 拖至 "标记" 卡的 "大小"，并更改标记类型为 "圆"，结果如图 9-16 所示。

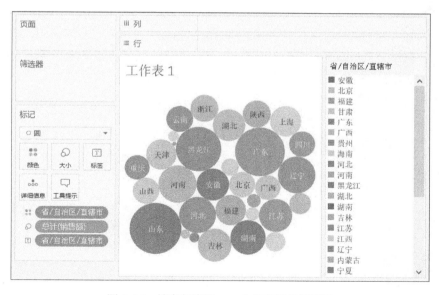

图 9-16　填充气泡图——分省市销售额情况

Tableau 会自动用不同的颜色标示出每个省份，并用气泡的大小标示出各省份销售额的大小。可以看出，2014 年 6 月山东省和广东省的销售额最多。

步骤 2：将填充气泡图的 "标记" 由 "圆" 改为 "文本" 时，图表将由填充气泡图变为文字云。例如，将步骤 1 中"标记"的"圆"改为"文本"后，结果如图 9-17所示。

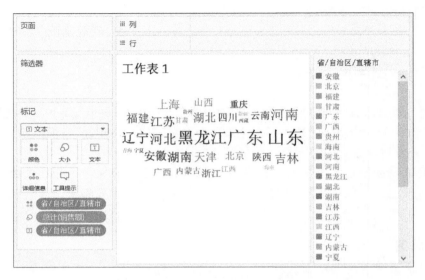

图 9-17　文字云——分省市销售额情况

可以看出，文字云和填充气泡图的本质相同，但用"文本"的大小替换"圆"的大小之后，直观性较差。

9.6.2　圆视图

下面以分析"销售额按类别的各省市分布情况"为例，介绍圆视图的创建方法。

步骤 1：将"子类别"拖至列功能区，将"销售额"拖至行功能区，并修改标记的类型为"形状"，得到累计销售额按类别的圆视图（见图 9-18）。

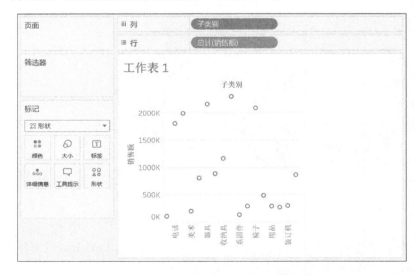

图 9-18　圆视图——累计销售额按类别

步骤 2：分别将"省/自治区/直辖市"拖至"标记"卡上的"大小"和"颜色"，将"子类别"拖至"标记"卡上的"颜色"，结果如图 9-19 所示。

圆视图可以帮助分析人员快速发现每一类别中的异常点或突出数据，例如在图 9-19 中，很容易就能定位（拖动）到"子类别"为"书架"的山东省的数据非常突出。

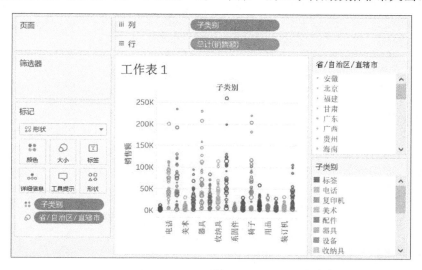

图 9-19　圆视图——销售额按类别的各省市分布情况

实验确认：□ 学生　□ 教师

9.7　标靶图

标靶图是指通过在基本条形图上添加参考线和参考区间，帮助分析人员更加直观地了解两个度量之间的关系，常用于比较计划值和实际值。

下面以"各省市利润总额计划的完成情况"为例，介绍创建标靶图的操作步骤及分析方法。

步骤 1：在系统提供的数据源 Excel"示例-超市"文件中，没有类似"计划数"这样的数据。为此，建立一个数据字段，以完成标靶图的制作。

打开数据源 Excel"示例-超市"文件，在数据窗口中"维度"的右侧单击下拉列表框，从中选择"创建计算字段"命令，在输入框中建立字段"计划数"（+=自定义字段），在字段下方输入定义的公式为：[销售额] * 0.95，单击"确定"按钮。

步骤 2：将"省/自治区"拖至行功能区，将"销售额"拖至列功能区，并将"计划数"拖到"标记"卡上，选择标记为"条形图"，创建标靶图所需的条形图。

步骤 3：添加参考线和参考区间。右击视图区横轴的任意位置，在弹出快捷菜单中选择"添加参考线"命令，在弹出的编辑窗口中选择类型为"线"，并对参考线的范围、值及格式进行设置（见图 9-20a）；再对参考区间进行设置，在"编辑参考线、参考区间或框"对话框中选择类型"分布"，并对范围、区间的取值和格式进行设置（见图 9-20b）。

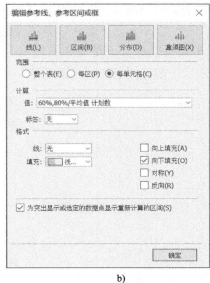

a)   b)

图 9-20 编辑参考线及参考区间

步骤 4： 调整标记的大小后，得到标靶图（见图 9-21）。

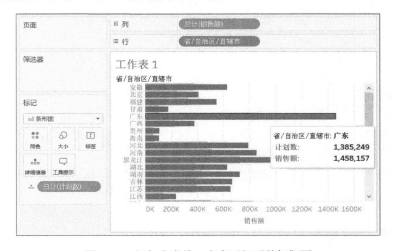

图 9-21 添加参考线、参考区间后的标靶图

实验确认：□ 学生 □ 教师

9.8 甘特图

甘特图，又称横道图，是以图示的方式通过活动列表和时间刻度形象地表示出任何特定项目的活动顺序和持续时间。甘特图的横轴表示时间，纵轴表示活动（项目），线条表示在整个期间上该活动或项目的持续时间，因此可以用来比较与日期相关的不同活动（项目）的持续时间长短。甘特图也常用于显示不同任务之间的依赖关系，并被普遍用于项目管理中。

下面以"比较 2014 年分省市商品交货情况"为例，说明创建甘特图的步骤和方法。

步骤 1：连接 Excel "示例-超市" 数据源后，通过日期型字段 "订单日期" 和 "发货日期" 创建计算字段 "延期天数"，计算公式是：[发货日期] - [订单日期] 。

步骤 2：将 "省/自治区/直辖市" 拖至行功能区，将 "交货日期" 拖至列功能区，并通过右键把日期级别更改为 "月"。

步骤3：将 "发货日期" 拖至 "筛选器"，限定为 2014 年。

步骤4：将度量 "延期天数" 拖至 "标记" 卡上的 "大小" 项后，生成甘特图。

步骤5：生成的甘特图尚无法区分出不同省份的延期交货情况。可将 "延期天数" 拖至 "标记" 卡的 "颜色" 上，并对其进行编辑（见图 9-22），其中色板为 "红色绿色发散"。编辑颜色后的图表如图 9-23 所示。

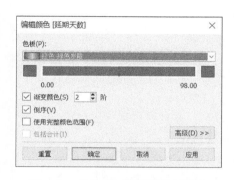

图 9-22　编辑 "延期天数" 的颜色

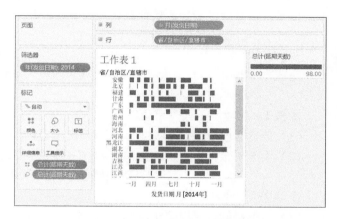

图 9-23　供应商及时供货情况分析

实验确认：□ 学生 □ 教师

9.9　盒须（箱线）图

盒须图，又叫箱线图，是一种常用的统计图形，用以显示数据的位置、分散程度、异常值等。箱线图主要包括 6 个统计量：下限、第一四分位数、中位数、第三四分位数、上限和异常值（见图 9-24）。

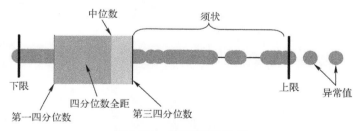

图 9-24　盒须图的统计量

（1）中位数：数据按照大小顺序排列，处于中间位置，即总观测数 50% 的数据。

（2）第一四分位数、第三四分位数：数据按照大小顺序排列，处于总观测数 25% 位置的数据为第一分位数，处于总观测数 75% 位置的数据为第三分位数。四分位全距是第三分位数与第一分位数之差，简称 IQR。

（3）上限、下限：Tableau 可设置上限和下限的计算方式，一般上限是第三分位数与 1.5 倍的 IQR 之和的范围之内最远的点，下限是第一分位数与 1.5 倍的 IQR 之差的范围内最远的点。也可直接设置上限为最大值，设置下限为最小值。

（4）异常值：在上限和下限之外的数据。

一般来说，上限与第三四分位数之间以及下限与第一四分位数之间的形状称为须状。

通过绘制盒须图，观测数据在同类群体中的位置，可以知道哪些表现好，哪些表现差；比较四分位全距及线段的长短，可以看出哪些群体分散，哪些群体更集中，即分析数据的中心位置及离散情况。

这里，以分地区销售额统计数据为例来分析并作出盒须图。

9.9.1　创建盒须图

完成本案例需要的维度字段有"地区"和"城市"，度量字段包括"数量"和"销售额"。

步骤 1：创建所需计算字段。

（1）创建字段"地区&城市"，其计算公式是：[地区] + [城市]。

（2）为分析分城市平均销售额，创建字段"平均销售额"，其计算公式为

$$SUM([销售额]) / SUM([数量])$$

步骤 2：生成基本视图。

（1）将创建好的字段"平均销售额"和"地区"分别拖放到行功能区和列功能区。

（2）将"城市"拖放到"标记"卡，图形选择"圆"视图。这时视图中每一个圆点即代表一个城市，字段"平均销售额"会对每一个城市计算其平均销售额（见图 9-25）。

步骤 3：选择"智能显示"→"盒须图"命令，完成创建盒须图。在工具栏的"适合"项选择为"整个视图"。

步骤 4：在盒须图右击纵轴，在弹出的快捷菜单中选择"编辑参考线"命令，在弹出的对话框中设置盒须图的格式，例如，选择"格式"→"填充"→"极深灰色"；或直接单击盒须图，选择"编辑"进行设置。

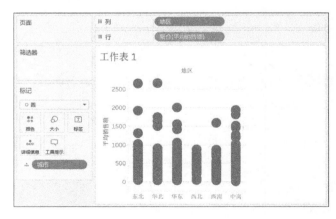

图 9-25　生成基本视图

步骤5：单击"确定"按钮，生成盒须图（见图9-26）。

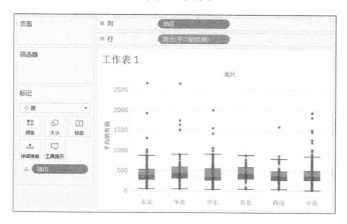

图9-26　生成盒须图

9.9.2　图形延伸

如图 9-26 所示，所有的点都落在了一条垂直线上，一个点代表一个城市，由于城市较多，很多点都是重叠覆盖的，不能直观地展示各城市之间数量的比较，也无法直观显示其分布。这时，可以采用将点水平铺开的方法。

步骤1：创建自定义计算字段"将点散开"，计算公式为：index() %30。

步骤2：将计算字段"将点散开"拖放到列功能区"地区"的右边，右击"将点散开"，将其"计算依据"设置为"城市"，各个圆点即水平展开，展开幅度为30。可以调整公式"将点散开"来调整散开的幅度。

步骤3：为了分析平均销售额的异常点问题所在，将"销售额"拖放到选项卡中的"大小"，同时为了使图形更美观，将"城市"拖放到"颜色"，生成结果如图 9-27 所示。

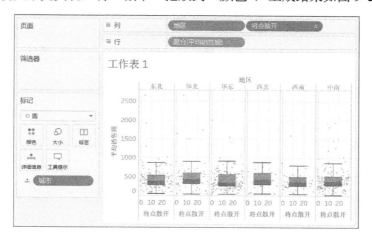

图9-27　设置将点散开效果

实验确认：□ 学生 □ 教师

【实验与思考】熟悉 Tableau 数据可视化分析

1. 实验目的

以 Tableau 系统提供的 Excel "示例-超市" 文件作为数据源，依照本章教学内容，循序渐进地实际完成 Tableau 可视化分析的各个案例，尝试建立 Tableau 条形图、直方图、饼图、折线图、压力图与突显表、树地图、气泡图与圆视图、标靶图、甘特图以及盒须图，熟悉 Tableau 数据可视化分析技巧，提高大数据可视化应用能力。

2. 工具/准备工作

在开始本实验之前，请认真阅读课程的相关内容。

需要准备一台安装有 Tableau Desktop（参考版本为 10.5）软件的计算机。

3. 实验内容与步骤

这一章中，以 Tableau 系统自带的 Excel "示例-超市" 文件为数据源，介绍了 Tableau 各种数据可视化分析图形的制作方法与制作过程。

请仔细阅读本章的课文内容，执行其中的 Tableau 数据可视化分析操作，实际体验 Tableau 数据可视化分析图形的制作方法与步骤。请在执行过程中对操作关键点做好标注，在对应的 "实验确认" 栏中打钩（√），并请实验指导老师指导并确认。（据此作为本【实验与思考】的作业评分依据）

请记录：你是否完成了上述各个实例的实验操作？如果不能顺利完成，请分析可能的原因是什么？

答：_____

_____

_____

_____

4. 实验总结

_____

_____

_____

_____

5. 实验评价（教师）

_____

_____

第10章　Tableau 仪表板与故事

【导读案例】Tableau 案例分析：世界指标——旅游业

有条件的读者，请在阅读本书【导读案例】时，打开 Tableau 软件，在其开始页面中打开典型案例"世界指标"，以研究性的态度动态地观察和阅读，以获得对 Tableau 的最大限度的理解。

在典型案例"世界指标"工作界面的下方，列举了 8 个工作表，即人口、健康指标、医疗支出、技术、经济、旅游业、商业和全球指标，分别展示了现实世界的若干侧面。其中，旅游业工作表的界面如图 10-1 所示。

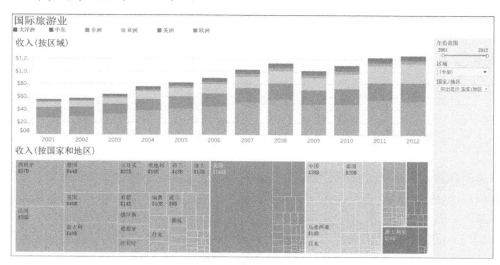

图 10-1　世界指标——旅游业

如图 10-1 所示，右侧"年份范围"选项组可拖动左右侧的游标选择限定的分析年份，可在"地区"下拉列表中选择全部、大洋洲、非洲、美洲、欧洲、亚洲或中东；"国家/地区"下拉列表中提示了视图中用 6 种不同颜色分别代表 6 个地区。

图 10-1 中以堆叠条图反映了 2001—2012 年不同地区的国际旅游业收入情况，以树地图形式反映了 6 个地区分国别的国际旅游收入情况。

阅读视图，通过移动鼠标，分析和钻取相关信息并简单记录。

（1）由视图可见，国际旅游业收入最多的前 10 个国家（地区）是：

第 1 名：_____，旅游业收入：$_____B；

第 2 名： _____ ，旅游业收入：$ _____ B；
第 3 名： _____ ，旅游业收入：$ _____ B；
第 4 名： _____ ，旅游业收入：$ _____ B；
第 5 名： _____ ，旅游业收入：$ _____ B；
第 6 名： _____ ，旅游业收入：$ _____ B；
第 7 名： _____ ，旅游业收入：$ _____ B；
第 8 名： _____ ，旅游业收入：$ _____ B；
第 9 名： _____ ，旅游业收入：$ _____ B；
第 10 名： _____ ，旅游业收入：$ _____ B；

（2）通过信息钻取，你还获得了哪些信息或产生了什么想法？

答：_____

_____

_____

_____

（3）请简单描述你所知道的上一周发生的国际、国内或者身边的大事。

答：_____

_____

_____

_____

_____

10.1　创建仪表板

仪表板是显示在单一位置的多个工作表和支持信息的集合，它便于用户同时比较和监视各种数据。例如，用户可能有一组每天都要查看的视图，为此可以创建一个仪表板，一次显示所有视图，而不必逐个浏览每个工作表。例如，图 10-1 "世界指标——旅游业" 就是一个由 "不同时间的旅游业" 工作表和 "各国旅游业（收入）" 工作表组成的仪表板。与工作表相似，仪表板显示为工作簿底部的标签，用数据源的最新数据进行更新。

创建仪表板时，可从工作簿的任何工作表中添加视图，还可以添加各种支持对象，例如文本区域、网页和图像。从仪表板中，可以设置格式、添加注释、向下钻取、编辑轴等。

添加到仪表板中的每个视图都连接至相应的工作表。这意味着如果修改工作表，则会更新仪表板，如果修改仪表板中的视图，也会更新工作表。

10.1.1　创建仪表板

仪表板的创建方式与新工作表的创建方式大致相同，创建仪表板后可以添加、移除视图和对象。选择 "仪表板" → "新建仪表板" 命令，或者单击工作簿底部的 "新建仪表板" 选项卡。之后，工作表的底部会添加一个仪表板标签，切换到新仪表板，可添加视图和对象（见图 10-2）。

图 10-2　新建仪表板

实验确认：☐ 学生　☐ 教师

10.1.2　向仪表板中添加视图

打开仪表板时，"仪表板"选项卡将替换工作簿左侧的"数据"选项卡，列出了当前工作簿中的各个工作表。创建新工作表时，仪表板选项卡会同步得到更新，这样，在添加至仪表板时，所有工作表都始终可用。

向仪表板中添加视图交互功能，可以了解仪表板上的视图是如何相互交互的，其操作步骤如下。

步骤 1：启动 Tableau 软件，在图 7-8 所示的"开始"页面单击"示例-超市"图标，软件以"只读"方式打开超市示例。选择"文件"→"另存为"命令，另外起名，为该示例建立一个副本。

步骤 2：在所建立的"示例-超市"工作簿副本界面中，选择"仪表板"→"新建仪表板"命令，或者单击工作簿底部的"新建仪表板"选项卡，新建一仪表板。

步骤 3：在"仪表板"选项卡中单击某个工作表（例如"假设预测"），并将其从"仪表板"窗格拖到右侧的仪表板中。在仪表板中拖动（按住鼠标左键）工作表时，一个灰色阴影区域将提示出可以放置该工作表的各个位置。

步骤 4：根据需要，继续将不同工作表拖至仪表板中。

将视图添加至仪表板后，"仪表板"选项卡中会在该工作表标记上增加"复选"标记。另外，为工作表打开的任何图例或筛选器都会自动添加到仪表板中。

默认情况下，仪表板使用"平铺"布局，这样每个视图和对象都排列到一个分层网格中。可以将布局更改为"浮动"以允许视图和对象重叠（在"布局"选项卡中选择）。

对于很大或很复杂的数据源，可能难以查看详细的视图。为更清晰地查看这些视图，可以创建交互仪表板来限制所显示的数据。利用 Tableau 的交互功能，可以使用一个概览工作表来筛选感兴趣的自定义级别详细信息。

创建概览工作表，通过使用热图来简单地显示分类离散点。此过程需要 3 个步骤。

步骤 1：连接到 Excel "示例-超市"数据源，将"订单"工作表拖入工作界面。

步骤 2：在新工作表界面中，按住〈Ctrl〉键选择"类别""子类别""细分""销售额"和"利润"，然后在"智能显示"对话框中选择"热图"（压力图）项（见图 10-3）。

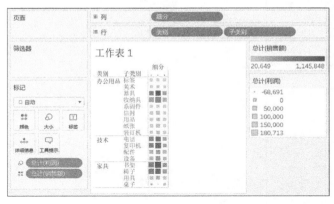

图 10-3　新工作表界面

步骤 3：右击"类别"中"细分"标签的任何一个，在弹出的快捷菜单中选择"旋转标签"命令，可调整标签显示，使之更完整清晰。

步骤 4：右击屏幕下方的工作表标签（例如"工作表 1"），在弹出的快捷菜单中选择"重命名工作表"命令，改名为"压力图"。

继续创建详细工作表，可以下钻到基于客户的详细信息中。实现此目的的一种方式是集中显示销售额位居前列的客户。

步骤 1：选择"工作表"→"新建工作表"命令。

步骤 2：将维度字段"客户名称"和"省/自治区/直辖市"拖到行功能区，将度量字段"销售额"拖到列功能区（见图 10-4）。

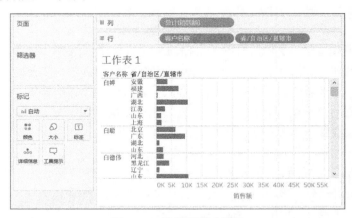

图 10-4　设置行列功能区

步骤 3：在行功能区上，右击"客户名称"，在弹出的快捷菜单中选择"排序"命令。在"排序"对话框中执行以下任务。

（1）在"排序顺序"下，选择"降序"。

（2）在"排序依据"下，选择"字段"，保留"销售额"和"总计"的默认设置。

步骤 4：单击"确定"按钮，得到一个很长的条形图，其中包含"示例-超市"中的每个客户，以及这些客户所花费的金额（见图10-5）。

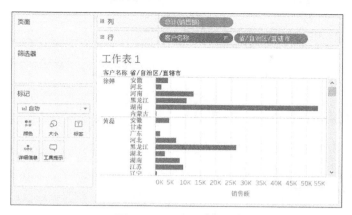

图10-5　分客户条形图

步骤5：右击该工作表标签，选择"重命名工作表"，并输入"客户详细信息"。

接下来创建仪表板。创建一个用于筛选客户列表，以仅显示所需结果的仪表板。

步骤1：选择"仪表板"→"新建仪表板"命令。

步骤2：从"仪表板"选项卡中将"压力图"拖至仪表板。

步骤3：从"仪表板"选项卡中将"客户详细信息"拖至仪表板中压力图的右侧。

步骤4：单击屏幕右侧的颜色图例"销售额"，将其拖到压力图的底部，以使压力图易于理解，调整压力图的边框（见图10-6）。

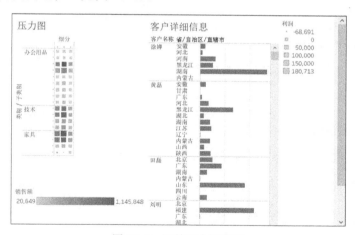

图10-6　调整压力图布局

步骤5：选择压力图，单击压力图上右方的"用作筛选器"图标。"客户详细信息"现在已基于压力图上所选的内容进行筛选。

步骤6：单击压力图中任一轴上的任何标签，将看到"客户详细信息"视图刷新，以显示与之相关的数据内容。

尝试回答：

（1）谁的纸张购买量最大，在哪个地区？

答：_____

（2）谁的配件购买量最大，在哪个地区？

答：_____

（3）谁的装订机购买量最大，在哪个地区？

答：_____

（4）谁的复印机购买量最大，在哪个地区？

答：_____

（5）谁的椅子购买量最大，在哪个地区？

答：_____

实验确认：□ 学生 □ 教师

10.1.3 添加仪表板对象

仪表板是用于监视和分析相关的视图和信息的集合，而仪表板对象则是仪表板中的一个区域，可以包含非 Tableau 视图的支持信息。例如，可以添加文本区域来包括详细说明，可能需要添加作为超链接目标的网页等。仪表板对象列在"仪表板"选项卡中，可以添加文本、图像、网页和空白区域等（见图 10-7）。

为添加仪表板对象，可将仪表板对象从"仪表板"选项卡直接拖放到仪表板上。

图 10-8 是一个使用多个不同类型仪表板对象的仪表板，对象的下面列出了对象说明。

图 10-7 "仪表板"选项卡与"布局"选项卡

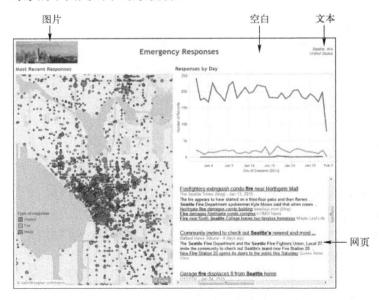

图 10-8 使用多个不同类型对象的仪表板

（1）图像。可向仪表板添加静态图像文件。例如，用户可能需要添加徽标或描述性图表。在添加图像对象时，系统会提示从计算机中选择图像；也可以输入联机图像的URL。

向仪表板添加图像时，可通过选择图像菜单中的选项来自定义图像的显示方式。例如，可以选择是否"适合图像"，这会将图像缩放为仪表板上的图像对象大小；还可以选择是否"使图像居中"，这会将图像与仪表板上的图像对象的中心对齐；最后，可以"设置 URL"，将图像转化为仪表板上的活动超链接。

（2）空白。通过空白对象，可向仪表板添加空白区域以优化布局。通过单击并拖动区域的边缘可以调整空白对象的大小。

（3）文本。通过文本对象，可向仪表板添加文本块。这对于添加标题、说明以及版权信息等很有用。文本对象将自动调整大小，以适合在仪表板中的放置位置；也可以通过拖动文本对象的边缘手动调整文本区域的大小。默认情况下，对象是透明的。要改变这种情况，可右击仪表板中的文本对象，在弹出的快捷菜单中选择"格式"。

（4）网页。通过网页对象，可将网页嵌入到仪表板中，以便将 Tableau 内容与其他应用程序中的信息进行组合。如果使用"数据"→"超链接"命令设置超链接，这时网页对象特别有用。如果视图中包含网页超链接，通过添加网页对象可以在仪表板中显示这些页面。这些链接随后会在仪表板而不是浏览器窗口中打开。

在添加网页对象时，系统会提示指定 URL。如果将仪表板发布到服务器，最佳做法是将 https 协议与 URL 动作一起使用。

将仪表板打印为 PDF 时，不会包含网页的内容。

10.1.4　从仪表板中移除视图和对象

将工作表或对象添加至仪表板之后，可通过许多不同方式将其移除，包括将其拖出仪表板、使用仪表板窗口中的上下文菜单或使用仪表板视图菜单。

为拖动移除视图或对象，可以进行以下操作。

步骤 1：选择要从视图中移除的视图。

步骤 2：单击视图顶部的移动控柄，将其拖离仪表板。

为使用仪表板窗口移除工作表，可在仪表板窗口中右击工作表，并选择"从仪表板移除"，也可以使用仪表板视图菜单移除工作表或对象。

10.1.5　仪表板 Web 视图安全选项

"网页"对象允许在仪表板中嵌入网页。默认情况下，当向仪表板中添加"网页"对象时，将会启用若干 Web 视图安全选项以改进嵌入网页的功能和安全性。

为调整默认 Web 视图安全选项，可选择"帮助"→"设置和性能"→"设置仪表板 Web 视图安全性"命令，然后清除下面列出的一个或多个选项。

（1）启用 JavaScript。如果选择此选项，则会在 Web 视图中启用 JavaScript 支持。清除此选项可能会导致某些需要 JavaScript 的网页在仪表板中工作不正常。

（2）启用插件。如果选择此选项，则会启用网页使用的任何插件，例如 Adobe Flash 或 Quick Time 播放器。

（3）阻止弹出窗口。如果选择此选项，则会阻止弹出窗口。

（4）启用 URL 悬停动作。如果选择此选项，则会启用 URL 悬停动作。

对安全选项进行的任何更改将应用于工作簿中的所有网页对象，包括创建的新网页对象，以及在 Tableau Desktop 中打开的所有后续工作簿。若要查看所做更改，可能需要保存并重新打开工作簿。

实验确认：□ 学生 □ 教师

10.2 布局容器

创建仪表板后，可向仪表板中添加工作表和其他对象。一种仪表板对象是"仪表板"选项卡中的布局容器。布局容器有助于在仪表板中组织工作表和其他对象。这些容器在仪表板中创建一个区域，在此区域中，对象根据容器中的其他对象自动调整自己的大小和位置。例如，具有主-详细信息筛选器（可更改目标视图的大小）的仪表板在应用筛选器时可以使用布局容器自动调整其他视图。

1．添加布局容器

添加水平布局容器可自动调整仪表板对象的宽度。添加垂直布局容器可自动调整仪表板对象的高度。

（1）将水平或垂直布局容器拖至仪表板。

（2）向布局容器中添加工作表和对象。将光标悬停于布局容器上时，会有一个蓝色框指示正在将该对象添加到布局容器流中。

（3）在对象移动和调整大小时进行观察。

（4）可以根据需要添加任意多个布局容器，甚至可在其他容器内添加布局容器。

2．移除布局容器

移除布局容器时，会从仪表板中移除容器及其所有内容。

（1）在要删除的布局容器中选择一个对象。

（2）打开选定对象右上角的下拉菜单，选择布局容器。

（3）打开选定布局容器的下拉菜单，选择从仪表板移除。

3．设置布局容器的格式

可为布局容器指定阴影和边框样式，从而直观地对仪表板中的对象分组。默认情况下，布局容器是透明的，并且没有边框样式。

（1）打开要设置格式的布局容器的下拉菜单，选择设置容器格式。

（2）在"设置容器格式"窗口中，从"阴影"控件中指定颜色和不透明度。

（3）从"边框"控件中指定边框的线条样式、粗细和颜色。

4．缩放布局容器

布局容器对各种仪表板都有用，增加了在应用筛选器时对象在仪表板中对自动移动方式的控制。而且，在比较多个条形图或标靶图时，也可以使用布局容器。这种情况下，条形高度会自动调整，使两个工作表中的条形保持对齐。

实验确认：□ 学生 □ 教师

10.3　组织仪表板

可通过多种方式来组织仪表板以突出显示重要信息、讲述故事或为查看者添加交互功能。

（1）重新排列或隐藏视图及项。

（2）指定每个视图或项在仪表板上的大小和位置。

（3）为仪表板指定平铺或浮动布局。

（4）使用布局容器，以便仪表板可基于数据显示动态调整和调整大小。

（5）通过创建工作表选择器控件，使查看器能够在仪表板上显示个别工作表。

10.3.1　平铺和浮动布局

仪表板上的每个对象都可以使用以下两个布局类型之一：平铺或浮动。平铺对象排列在一个单层网格中，该网格会根据总仪表板大小和它周围的对象调整大小。浮动对象可以层叠在其他对象上面，而且具有固定大小和位置。

1. 切换布局

默认情况下，仪表板设置为使用"平铺"布局。所有视图和对象都以平铺的形式添加。若要将对象切换为浮动，可执行以下操作之一。

（1）在仪表板中选择视图或对象，然后选择"仪表板"→"浮动"选项。

（2）按住〈Shift〉键的同时将新工作表或对象拖动到该视图。或者，在仪表板中选择现有视图或对象，然后在按住〈Shift〉键的同时将该对象拖动到仪表板上的新位置。

同样，可通过上面所列的方法将浮动对象重新转换为平铺对象。

若要更改整个仪表板的默认布局，可单击"仪表板"选项卡中的"浮动"按钮。当仪表板设置为"浮动"布局时，任何新工作表和对象都会以浮动布局添加。

2. 对浮动对象重新排序和调整大小

仪表板中的所有项都列在"仪表板"选项卡的"布局"选项组。"布局"选项组在一个分层结构中显示平铺对象和所有浮动对象。

在分层结构中选择并拖动各项可更改它们在仪表板中的层叠顺序。显示在列表顶部的项位于前面，而显示在列表底部的项位于后面。注意：无法重新排列平铺布局项的顺序。

右击"仪表板"选项卡的"布局"选项组中的项可自定义对象以及隐藏和显示工作表的组成部分。

使用"仪表板"选项卡底部的"位置"字段可指定浮动对象的精确位置。将以像素为单位的位置定义为与仪表板左上角的偏移。"x"和"y"值指定对象左上角的位置。例如，若要将对象放在仪表板的左上角，应指定 x = 0 和 y = 0。如果要将对象向右移动 10 个像素，则应将 x 值更改为 10。同样，若要将对象向下移动 10 个像素，应将 y 值更改为 10。输入的值可以是正或负，但必须是整数。

使用"仪表板"选项卡底部的"大小"字段可指定浮动对象的精确尺寸。以像素为单位来定义大小，其中 w 为对象宽度，h 为对象高度。还可以调整浮动对象的大小，方法是在仪表板中单击并拖动选定对象的一个边缘或角。

10.3.2　显示和隐藏工作表的组成部分

将工作表拖到仪表板时，会自动显示工作表中的视图、图例和筛选器。但是，用户可能需要隐藏工作表的某些部分，例如，图例、标题、说明和筛选器。使用仪表板视图右上角的下拉菜单可以显示和隐藏工作表的这些部分。

步骤 1：在仪表板中选择一个视图。

步骤 2：单击视图右上角的下拉菜单，选择要显示的项。例如，可以显示标题、说明、图例以及各种筛选器。

或者，可以在"仪表板"选项卡中右击"布局"部分中的一项来访问所有这些命令。筛选器只能用于原始视图中使用的字段。

10.3.3　重新排列仪表板视图和对象

在仪表板中重新排列视图、对象、图例和筛选器，以使它们适合于所做的分析或演示。可以使用选定的视图、图例或筛选器顶部的移动控柄重新安排仪表板的某些部分。

步骤 1：选择要移动的视图或对象。

步骤 2：单击选定项顶部的移动控柄，将其拖至新位置。

步骤 3：将该视图或对象放在新位置。

在仪表板中拖动对象时，可以放置该对象的各个位置显示为灰色阴影。

10.3.4　设置仪表板大小

可以使用仪表板窗口底部的"仪表板"区域来指定仪表板的整体尺寸。取消选择仪表板中的所有项时会显示"仪表板"区域。默认情况下，仪表板设置为"桌面"预设，即 1000×800 像素。使用下拉菜单来选择新的大小。

可选的选项如下：

（1）自动：仪表板自动调整大小，以填充应用程序窗口。

（2）精确：仪表板始终保持固定大小。如果仪表板比窗口大，仪表板将变为可滚动。

（3）范围：仪表板在指定的最小和最大尺寸之间进行缩放，之后将显示滚动条或空白。

（4）预设：从各种固定大小预设中选择，例如"信纸""小型博客"和"iPad"。如果选择的预设大小比窗口大，则仪表板将变为可滚动。

10.3.5　了解仪表板和工作表

仪表板中的视图连接到它们所表示的工作表，这意味着当更改工作表时，仪表板会同步得到更新，并且对仪表板进行的更改也会影响该工作表。对仪表板中的视图添加注释、设置格式和调整大小时，应注意此交互性。

仪表板可方便汇总和监视，但用户还可以通过跳转至选定工作表以返回编辑原始视图。此外，还可以直接从仪表板复制工作表，以执行深入分析，这样不会影响仪表板。最后，可以隐藏仪表板中所用的工作表，使其不在缩图、工作表排序程序或工作簿底部的标签中显示。

（1）为转到工作表，可以选择要查看完整大小的视图，然后在仪表板视图菜单上选择"转到工作表"。

（2）为复制工作表，可以选择要复制的视图，然后在仪表板视图菜单上选择"复制工作表"。

（3）为隐藏工作表，可以右击工作簿底部的工作表选项卡，在弹出的快捷菜单中选择"隐藏工作表"命令。

（4）为显示隐藏的工作表，可以打开使用隐藏工作表的仪表板，在仪表板中选择隐藏的工作表，然后在仪表板视图菜单中选择"转到工作表"。或者可在"仪表板"选项卡中右击隐藏的工作表，在弹出的快捷菜单中选择"转到工作表"。该工作表将打开，其标签再次显示在工作簿底部。

实验确认：□ 学生 □ 教师

10.4 故事工作区

故事是一个包含一系列共同作用以传达信息的工作表或仪表板工作表。用户可以创建故事以揭示各种事实之间的关系，提供上下文，演示决策与结果的关系，或者只是创建一个极具吸引力的案例。

10.4.1 故事工作表

故事是一个工作表，因此用于创建、命名和以其他方式管理工作表和仪表板的方法同样适用于故事。同时，故事还是按顺序排列的工作表集合，故事中各个单独的工作表称为"故事点"。

Tableau 故事不是静态屏幕截图的集合，事实上，各故事点仍与基础数据保持连接并随基础数据的更改而更改，或随故事更改中所用视图和仪表板的更改而更改。当分享故事（例如，通过将工作簿发布到 Tableau Server 或 Tableau Online）时，用户也可以与故事进行交互，以揭示新的发现结果或提出有关数据的新问题。

用户可通过许多不同方式使用故事。

（1）使用故事来构建有序协作分析，供自己或供与同事协作时使用，显示数据随时间变化的效果，或执行假设分析。

（2）将故事用作演示工具，向受众叙述某个事实。就像仪表板提供相互协作的视图的空间排列一样，故事可按顺序排列视图或仪表板，以便为受众创建一种叙述流。

可通过许多不同方式构建故事。例如，故事中的每个故事点都可以基于不同工作表或仪表板。反之，每个故事点都可以基于一个为每个故事点自定义的工作表或仪表板，这可能会在每个新故事点中添加更多信息。通常需要结合这些方法，对某些故事点使用新工作表，并为其他故事点自定义同一工作表。

处理故事时，可以使用以下控件、元素和功能。下面列出了相关说明（见图 10-9）。

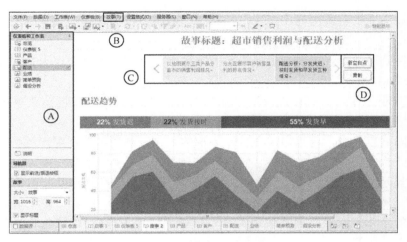

图 10-9　处理故事的控件

A："仪表板和工作表"选项卡，可以执行以下操作。

（1）将仪表板和工作表拖到故事中。

（2）向故事点中添加说明。

（3）选择显示或隐藏导航器按钮。

（4）配置故事大小。

（5）选择显示故事标题。

B："故事"菜单，可以执行以下操作。

（1）打开"设置故事格式"选项卡。

（2）将当前故事点复制为图像。

（3）将当前故事点导出为图像。

（4）清除整个故事。

（5）显示或隐藏导航器按钮和故事标题。

C：导航器。可用来编辑、组织和标注所有故事点，也可以使用导航器按钮在整个故事中移动。

（1）导航器按钮。单击导航器右侧的向前箭头，向前移到一个故事点；单击导航器左侧的向后箭头，向后移到一个故事点。也可以使用将鼠标悬停在导航器时出现的滑块在所有故事点之间快速滚动，然后选择一个故事点以查看或编辑。

（2）故事点。导航器中的当前故事点将以不同颜色突出显示，指明它处于选定状态。

在添加故事点或对其进行更改时，可以选择更新故事点以保存更改、恢复任何更改或删除故事点。

D：用于添加新故事点的选项。创建故事点之后，可以选择若干不同的选项来添加另一个点。若要添加新故事点，可以执行以下操作。

（1）添加新的空白点。

（2）将当前故事点保存为新点。

（3）复制当前故事点。

实验确认：□ 学生 □ 教师

10.4.2 创建故事

从现有工作表和仪表板创建故事，可按以下步骤进行。

步骤1：单击"新建故事"按钮，Tableau将打开一个新故事输入界面作为切入点。

步骤2：在"故事"选项组中选择故事的大小。从预定义的大小中选择一个（见图10-10），或以像素为单位设置自定义大小。选择大小时要考虑到目标平台，而不是在其中创建故事的平台。

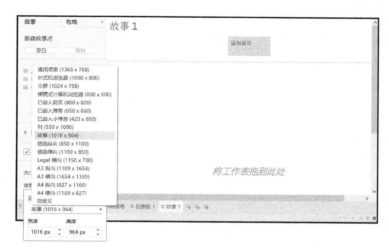

图10-10　打开一个新故事并设置故事大小

步骤3：若要向故事添加标题，可双击"故事标题"以打开"编辑标题"对话框。可以在对话框中输入标题，选择字体、颜色和对齐方式。单击"应用"按钮查看所做的更改。

步骤4：从"仪表板和工作表"区域将一个工作表拖到故事中，并放置到视图中心位置。

步骤5：单击"添加标题"以概述故事点。如果想要提供更多信息，可在每个故事点内添加说明和注释。

步骤6：自定义故事点。可以通过以下任一方式自定义故事点。

（1）通过选择标记范围。

（2）通过筛选视图中的字段。

（3）通过对视图中的字段进行排序。

（4）通过放大或平移地图。

（5）通过添加描述框。

（6）通过添加注释。

（7）通过更改视图中的参数值。

（8）通过编辑仪表板文本对象。

（9）通过在视图内的分层结构中下钻或上钻。

步骤7：从"仪表板和工作表"选项卡将工作表拖到故事点后，该工作表仍然保持与原始工作表的连接。如果修改原来的工作表，所做的更改将会自动反映在使用此工作表的故事点上。但是，在故事点中所做的更改不会自动更新原来的工作表。

步骤8：向故事点中添加说明。为此，可在左侧"仪表板和工作表"选项卡中双击"说明"。可以向一个故事点添加任何数量的说明。

说明不会附加到故事点中的标记、点或区域上，可将它们放到任意所需位置。此外，说明仅存在于向其中添加说明的故事点上，不会影响基础工作表或故事中的任何其他故事点。

步骤9：在添加说明框后，单击它以选择并放置它。选择了说明框时，可以通过单击其边框上的下拉箭头打开菜单，编辑说明、设置说明格式、设置其相对于它可能覆盖的其他任何说明框的浮动顺序、取消选择，或将其从故事点移除。

步骤10：修改故事点之后，可单击其边框上的"更新"保存所做的更改，或者单击"回退"（圆圈箭头）将故事点还原为其以前的状态。

步骤11：添加另一个故事点。可以通过多种方式添加另一个故事点。

（1）如果想将另一个工作表用于下一个故事点，则单击"新建空白点"按钮。

（2）如果希望将当前故事点用作新故事点的起点，则单击"复制"按钮。随后自定义第二个故事点中的视图或工作表，使其与原来的故事点有所不同。

（3）单击"另存为新点"按钮，此选项仅在开始自定义故事点时才会出现。完成后，"复制"按钮变为"另存为新点"按钮。单击"另存为新点"按钮可将自定义项另存为新故事点，原始故事点保持不变。

步骤12：继续添加故事点，直到故事完成。

实验确认：□ 学生 □ 教师

10.4.3　调整标题大小

可以通过以下方式设置故事的格式。

有时一个或多个选项中的文本太长，无法放在导航器的高度范围内。在这种情况下，可以纵向和横向调整说明大小。

步骤1：在导航器中，选择一个说明。

步骤2：拖动左边框、右边框或下边框以横向调整说明大小，拖动下边框以纵向调整大小，或者选择一个角并沿对角线方向拖动以同时调整说明的横向和纵向大小。

导航器中的所有说明将更新为新大小。

可以使仪表板恰好适合于故事的大小。例如，如果故事恰好为 800×600 像素，则可以缩小或扩大仪表板以适合放在该空间内。要使仪表板适合放在故事中，可在仪表板中单击"仪表板大小"下拉菜单，并选择想要使仪表板适合于放在其中的故事。

10.4.4　"设置故事格式"窗格

要打开"设置故事格式"选项卡，请选择"格式"→"故事"命令。在"设置故事格式"选项卡中，可以设置故事的以下任何部分的格式。

故事阴影：若要为故事选择阴影，可在"设置故事格式"选项卡中单击"故事阴影"下拉控件。可以选择故事的颜色和透明度。

故事标题：可以调整故事标题的字体、对齐方式、阴影和边框。若要设置标题格式，请单击"设置故事格式"选项卡中的"故事标题"的下拉控件之一。

导航器：可以在"设置故事标题"的"导航器"部分中调整导航器的字体和阴影。

字体：要调整导航器字体，请单击"字体"下拉列表，可以调整字体的样式、大小和颜色。

阴影：要为导航器选择阴影，请单击"阴影"下拉列表，可以选择导航器的颜色和透明度。

在导航器中移动时，标题颜色和字体将更新以指示当前选择的故事点。

如果故事包含任何说明，可以在"设置故事格式"选项卡中设置所有说明的格式。可以调整字体，以及向说明中添加阴影边框。

清除所有格式设置：若要将故事重置为默认格式设置，可单击"设置故事格式"选项卡底部的"清除"按钮。若要清除单一格式设置，请在"设置故事格式"选项卡中右击要撤销的格式设置，然后在弹出的快捷菜单中选择"清除"命令。例如，要清除故事标题的对齐，请在"故事标题"部分右击"对齐"，然后在弹出的快捷菜单中选择"清除"命令。

实验确认：□ 学生 □ 教师

10.4.5 更新与演示故事

可以通过以下任一方式更新故事。

（1）修改现有故事点。为此，可在导航器中单击它，然后进行更改。用户甚至可以替换基础工作表，方法是将不同的工作表从"仪表板和工作表"区域拖到故事窗格中。

（2）删除故事点。为此，可在导航器中单击它，然后单击紧靠框上方的"删除"按钮。如果意外删除了一个故事点，还可单击"撤销"按钮将其还原。

（3）插入故事点。若要在故事末尾以外的某个位置插入新故事点，可添加一个故事点，然后将其拖到导航器中的所需位置并放下，故事点将插入到指定位置。

或者，如果要将工作表拖到故事中，只需将其放置在导航器中两个现有的故事点之间。

（4）重新排列故事点。可以根据需要，使用导航器在故事内拖放故事点。

要演示故事，可使用演示模式。单击工具栏上的"演示模式"按钮可进入和退出演示模式。要退出演示模式，可按〈Esc〉键。

也可以将包含故事的工作簿发布到 Tableau Server、Tableau Online，或将其保存到 Tableau Public。在发布故事之后，用户随后可以打开故事并在故事点之间导航，或者与故事交互，就像它们与视图和仪表板交互那样。但是，Web 用户无法创作故事或永久修改已发布的故事。

实验确认：□ 学生 □ 教师

【实验与思考】熟悉 Tableau 仪表板与故事操作

1. 实验目的

（1）以 Tableau 系统提供的 Excel "示例-超市" 文件作为数据源，依照本章教学内容，循序渐进地实际完成 Tableau 仪表板的各个案例，初步了解 Tableau 仪表板的组织技巧，提高大数据可视化应用能力。

（2）以 Tableau 系统提供的 Excel "示例-超市" 文件作为数据源，依照本章教学内容，循序渐进地实际完成 Tableau 可视化故事的各个案例，初步了解 Tableau 可视化故事分析技巧。

（3）深入了解 Tableau 典型案例 "奥斯汀的教师更替情况"，了解如何使用 Tableau 通过数据来讲述故事，提高大数据可视化设计技巧和应用能力。

2. 工具/准备工作

在开始本实验之前，请认真阅读课程的相关内容。

需要准备一台安装有 Tableau Desktop（参考版本为 10.5）软件的计算机。

3. 实验内容与步骤

（1）仪表板操作。

这一章中，以 Tableau 系统自带的 Excel "示例-超市" 文件为数据源，介绍了 Tableau 仪表板的操作方法。

请仔细阅读本章的课文内容，执行其中的 Tableau 仪表板操作，实际体验 Tableau 仪表板的操作方法与步骤。请在执行过程中对操作关键点做好标注，在对应的 "实验确认" 栏中打钩（√），并请实验指导老师指导并确认。（据此作为本【实验与思考】的作业评分依据）

请记录：你是否完成了上述各个实例的实验操作？如果不能顺利完成，请分析可能的原因是什么？

答：_____

_____

_____

_____

（2）可视化故事操作。

这一章中，以 Tableau 系统自带的 Excel "示例-超市" 文件为数据源，介绍了 Tableau 可视化故事的操作方法。

请仔细阅读本章的课文内容，执行其中的 Tableau 可视化故事操作，实际体验 Tableau 可视化故事的操作方法与步骤。请在执行过程中对操作关键点做好标注，在对应的 "实验确认" 栏中打钩（√），并请实验指导老师指导并确认。（据此作为本【实验与思考】的作业评分依据）

请记录：你是否完成了上述各个实例的实验操作？如果不能顺利完成，请分析可能的原因是什么？

答：_____

_____

_____

_____

（3）浏览与分析示例故事。

Tableau 可视化库中包含了十分丰富的 Tableau 可视化优秀作品，这些作品都可以通过互动操作动态地深入钻取或者广泛了解更多的相关信息。

步骤 1： 登录 Tableau（中文简体）官方网站 https://www.tableau.com/zh-cn，将鼠标指针指向屏幕上方的"解决方案"选项，在屏幕中右侧弹出的选项中单击"可视化库"命令，打开 Tableau 可视化库（见图 8-7）。

步骤 2： 在 Tableau 可视化库中选择"跟踪奥斯汀学校的教师留任计划"。

与美国很多学区一样，德克萨斯州奥斯汀市的学区同样面临着一个旷日持久的难题：如何才能招到并留住教师。2010 年，该市斥资数百万美元启动了一项名为"Reach"（覆盖）的计划，旨在遏制教师流动现象。此仪表板采用了 Tableau "故事点"功能，将这些数据转化成可立即吸引受众注意的故事。

步骤 3： 故事点 1。图 10-11 所示的故事点 1 仪表板展示了：教师流失是全市都存在的问题，2013 年，东奥斯汀的教师流失情况尤其严重。

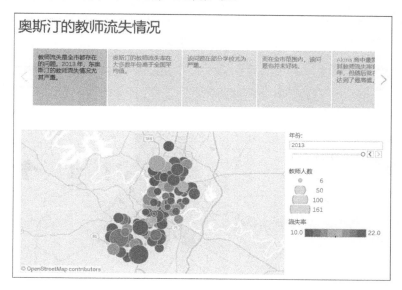

图 10-11 故事点 1

请阅读视图，动态分析和了解各项指标的具体细节，分析和钻取相关信息并简单记录。通过信息钻取，你获得了哪些信息或产生了什么想法？

答：_____

_____

_____

_____

_____

步骤 4： 故事点 2。图 10-12 所示的故事点 2 仪表板展示了：奥斯汀的教师流失率在大多数年份高于全国平均值。

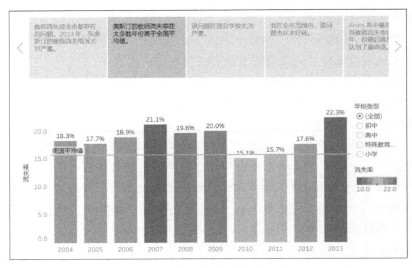

图 10-12　故事点 2

请阅读视图，动态分析和了解各项指标的具体细节，分析和钻取相关信息并简单记录：通过信息钻取，你获得了哪些信息或产生了什么想法？

答：＿＿＿＿＿＿＿＿＿＿＿＿＿＿＿＿＿＿＿＿＿＿＿＿＿＿＿＿＿＿＿＿

＿＿＿＿＿＿＿＿＿＿＿＿＿＿＿＿＿＿＿＿＿＿＿＿＿＿＿＿＿＿＿＿＿＿＿＿

＿＿＿＿＿＿＿＿＿＿＿＿＿＿＿＿＿＿＿＿＿＿＿＿＿＿＿＿＿＿＿＿＿＿＿＿

＿＿＿＿＿＿＿＿＿＿＿＿＿＿＿＿＿＿＿＿＿＿＿＿＿＿＿＿＿＿＿＿＿＿＿＿

步骤 5：故事点 3。在图 10-13 所示的故事点 3 仪表板展示了：该问题在部分学校尤为严重。

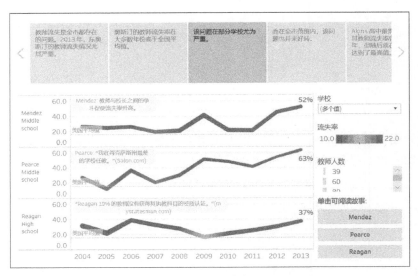

图 10-13　故事点 3

请阅读视图，动态分析和了解各项指标的具体细节，分析和钻取相关信息并简单记录。

通过信息钻取，你获得了哪些信息或产生了什么想法？

答：＿＿＿＿＿＿＿＿＿＿＿＿＿＿＿＿＿＿＿＿＿＿＿＿＿＿＿＿＿＿＿

＿＿＿＿＿＿＿＿＿＿＿＿＿＿＿＿＿＿＿＿＿＿＿＿＿＿＿＿＿＿＿＿＿＿

＿＿＿＿＿＿＿＿＿＿＿＿＿＿＿＿＿＿＿＿＿＿＿＿＿＿＿＿＿＿＿＿＿＿

＿＿＿＿＿＿＿＿＿＿＿＿＿＿＿＿＿＿＿＿＿＿＿＿＿＿＿＿＿＿＿＿＿＿

步骤6：故事点4。图10-14所示的故事点4展示了：在全市范围内，该问题也并未好转。

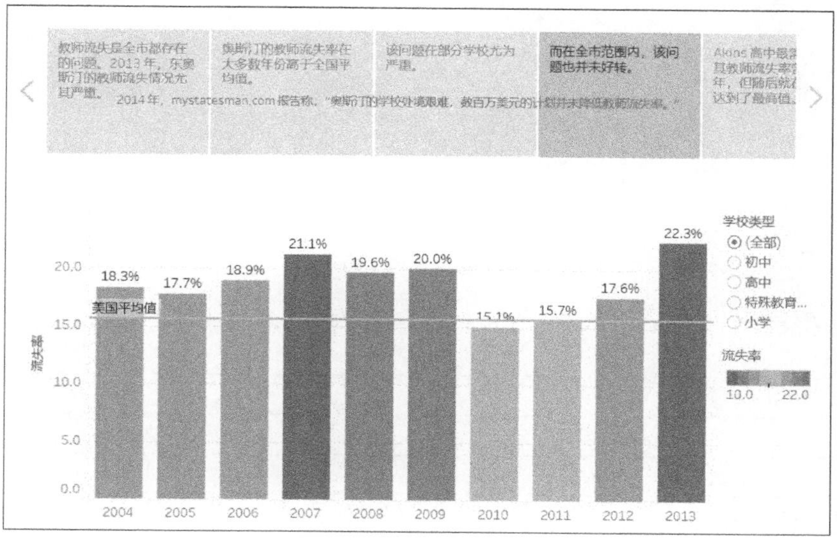

图10-14 故事点4

请阅读视图，动态分析和了解各项指标的具体细节，分析和钻取相关信息并简单记录。通过信息钻取，你获得了哪些信息或产生了什么想法？

答：＿＿＿＿＿＿＿＿＿＿＿＿＿＿＿＿＿＿＿＿＿＿＿＿＿＿＿＿＿＿＿

＿＿＿＿＿＿＿＿＿＿＿＿＿＿＿＿＿＿＿＿＿＿＿＿＿＿＿＿＿＿＿＿＿＿

＿＿＿＿＿＿＿＿＿＿＿＿＿＿＿＿＿＿＿＿＿＿＿＿＿＿＿＿＿＿＿＿＿＿

＿＿＿＿＿＿＿＿＿＿＿＿＿＿＿＿＿＿＿＿＿＿＿＿＿＿＿＿＿＿＿＿＿＿

步骤7：故事点5。图10-15所示的故事点5展示了：Aking高中最需要关注，其教师流失率曾好过几年，但随后就在2013年达到了最高值。

请阅读视图，动态分析和了解各项指标的具体细节，分析和钻取相关信息并简单记录。通过信息钻取，你获得了哪些信息或产生了什么想法？

答：＿＿＿＿＿＿＿＿＿＿＿＿＿＿＿＿＿＿＿＿＿＿＿＿＿＿＿＿＿＿＿

＿＿＿＿＿＿＿＿＿＿＿＿＿＿＿＿＿＿＿＿＿＿＿＿＿＿＿＿＿＿＿＿＿＿

＿＿＿＿＿＿＿＿＿＿＿＿＿＿＿＿＿＿＿＿＿＿＿＿＿＿＿＿＿＿＿＿＿＿

＿＿＿＿＿＿＿＿＿＿＿＿＿＿＿＿＿＿＿＿＿＿＿＿＿＿＿＿＿＿＿＿＿＿

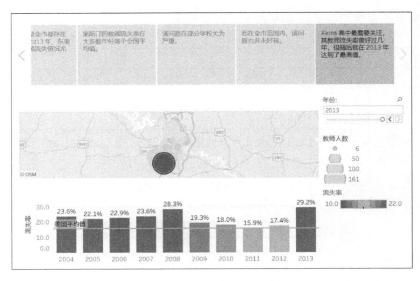

图 10-15　故事点 5

4. 实验总结

_____

_____

_____

_____

5. 实验评价（教师）

_____

_____

第11章 Tableau 地图分析与发布

【导读案例】Tableau 案例分析：世界指标——商业

有条件的读者，请在阅读本书这部分【导读案例】时，打开 Tableau 软件，在其开始页面中打开典型案例"世界指标"，以研究性的态度动态地观察和阅读，以获得对 Tableau 的最大限度的理解。

在典型案例"世界指标"工作界面的下方，列举了 8 个工作表，即人口、健康指标、医疗支出、技术、经济、旅游业、商业和全球指标，分别展示了现实世界的若干侧面。其中，商业工作表的界面如图 11-1 所示。

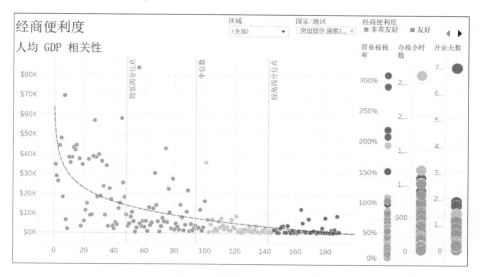

图 11-1 世界指标——商业

如图 11-1 所示，工作区中视图的左侧，以散点（气泡）图的形式介绍了世界各国经商便利度与人均 GDP 之间的关联，视图右侧以表格形式反映了世界各国的经商便利度指数（1=容易）。

可在工作表上方的"区域"下拉列表中选择全部、大洋洲、非洲、美洲、欧洲、亚洲或中东等不同地区。

阅读视图，分析和钻取相关信息并简单记录。

（1）为简化起见，在视图中选择亚洲地区。由图 11-1 可以明显看出，经商便利度指数

与人均 GDP 有很大的相关性，例如人均 GDP 高，说明这个国家（或地区）经济发达，市场化程度高，因而经商便利度好。但是，经商便利度还受到其他因素的影响，请分析：

营业税税率：_____

开业天数：_____

办税小时数：_____

你认为还有其他重要因素吗？

答：_____

_____

_____

_____

（2）通过信息钻取，你还获得了哪些信息或产生了什么想法？

答：_____

_____

_____

_____

（3）请简单描述你所知道的上一周发生的国际、国内或者身边的大事。

答：_____

_____

_____

_____

_____

11.1　分配地理角色

地图可视化，是以计算机科学、地图学、认知科学与地理信息系统为基础，以屏幕地图形式，直观、形象与多维、动态地显示空间信息的方法与技术。Tableau 的地图分析功能十分强大，可编辑经纬度信息，实现世界、地区、国家、省/市/自治区、城市等不同等级的地图展示，实现对地理位置的定制化。Tableau 的地理位置识别功能能够自动识别国家、省/自治区/直辖市、地市级别的地理信息，并能识别名称、拼音或缩写。

将 Tableau 连接到包含地理信息的数据源，并分配对应的"地理角色"后，Tableau 可通过简单的拖放和单击生成地图。Tableau 包含两种地图类型：符号地图和填充地图，同时也可制作包含两者的混合地图以及多维度地图。

Tableau 将每一级地理位置信息定义为"地理角色"，"地理角色"包括"国家/地区""省/市/自治区""城市""区号""国会选区""县""邮政编码"，其中只有"国家/地区""省/市/自治区""城市"对中国区域有效。具体地理角色定义如表 11-1 所示。

表 11-1　Tableau 地理角色定义

地理角色	说　明
国家/地区	全球国家/地区，包括名称、FIPS 10、2 字符（ISO 3166-1）或 3 字符（ISO 3166-1） 示例：AF、CD、Japan、Australia、BH、AFG、UKR
省/市/自治区	全世界的省/市/自治区，可识别名称和拼音 示例：河南、jiangsu、AB、Hesse
城市	全世界的城市名称，城市范围为人口超过 1 万、政府公开地理信息的城市，可识别中文、英文的城市名称 示例：大连、沈阳、Seattle、Bordeaux

一般情况下，Tableau 会将"数据源"中包含地理信息的字段自动分配给相应的地理角色，并在"维度"选项卡中标识，表示 Tableau 已自动对该字段中的信息进行地理编码并将每个值与纬度、经度值进行关联，两个字段"纬度（生成）"和"经度（生成）"将自动添加到"度量"选项卡中。在创建地图时，可以拖放这两个字段进行展示。

有时，Tableau 会把地理信息字段识别成字符串字段，这种情况下，需要手动为其分配地理角色。可以在"维度"选项卡中右击该字段，然后在弹出的快捷菜单中选择"地理角色"命令，为其分配对应的地理角色，之后该字段的图标将变换。

实验确认：□ 学生 □ 教师

11.2　设置地理信息

Tableau 中的背景地图选项为使用者提供了地图源的多种选择，用户可以选择不使用地图源，或选择 Tableau 自带的地图源"Tableau"，或脱机使用地图，或使用 WMS 服务器实现自定义地图源"WMS 服务器（W）"，并可设置何种地图源为默认地图源。

（1）联机地图。默认情况下，所有新建工作表都会自动连接到 Tableau 的联机地图源"Tableau"，其地理位置信息由开源地图供应商 OpenStreetMap 提供。

用户可指定某地图源为 Tableau 默认地图源，操作方式为选择"地图"→"背景地图"命令，然后在其中选择地图源，然后选择"地图"→"背景地图"→"设置为默认值"命令。

（2）地图存储和脱机工作。在使用联机地图创建地图视图时，Tableau 会将构成地图的图像存储在缓存中。这样在进行分析时，就不必等待检索地图。同时，通过存储地图，可以在设备脱机时仍使用部分地图进行分析。地图的缓存将随 IE 浏览器的因特网文件一起存储，删除 IE 浏览器中的临时文件即清除了地图缓存。

（3）WMS 服务器。如果具有提供特定行业的 WMS 服务器，Tableau 可以添加该服务器作为地图源。在添加了 WMS 地图服务器之后，可以导出地图源与他人共享，或导入共享的地图源。

当有大量 Tableau 无法识别的地理位置时，可通过导入自定义地理编码扩充 Tableau 的地理信息库。自定义地理编码只能绘制符号地图。

11.3　导出和发布数据（源）

Tableau 对于导出一个工作表所使用的部分或者全部数据提供了多种方法，而导出工作簿中所使用的数据源也有多种方式，如导出成.tds（数据源）文件、.tdsx（打包数据源）文件或者.tde（数据提取）文件。有时也可能需要把不同类型的数据源发布到 Tableau 服务器上，以便让更多的人可以查看、使用、编辑或者更新。

11.3.1　通过将数据复制到剪贴板导出数据

为体验导出数据（源）的操作，操作步骤如下。

步骤 1：启动 Tableau 软件，在图 7-8 所示的"开始"页面单击"示例-超市"图标，打开超市示例。

步骤 2：在视图上右击，在弹出的快捷菜单中选择"复制"→"数据"命令，或者通过选择"工作表"→"复制"→"数据"命令，这样就会把视图中的数据复制到剪贴板中。打开 Excel 工作表，然后将数据粘贴到新工作表中即可导出数据。

步骤 3：也可以在视图上右击，在弹出的快捷菜单中选择"查看数据"命令，此时会弹出"查看数据"对话框（见图 11-2）。在对话框中选择要复制的数据，然后单击对话框中"复制"按钮，即可把视图中的数据复制到剪贴板中。打开 Excel 工作表，然后将数据粘贴到新工作表中，即可导出数据。

步骤 4：单击"查看数据"对话框中的"全部导出"按钮，将会打开"导出数据"对话框（见图 11-3），可在这里选择一个用于保存导出数据的位置，然后单击"保存"按钮，这样可以把全部数据导出为文本文件（逗号分隔）。

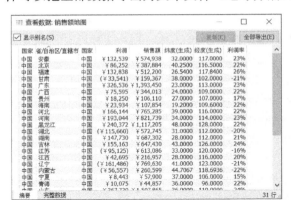

图 11-2　"查看数据"对话框

图 11-3　导出数据为文本文件（.csv）

步骤 5：还可以在视图上右击，在弹出的快捷菜单中选择"复制"→"交叉表"命令，从而把交叉表（文本表）形式的视图数据复制到剪贴板。然后，打开 Excel 工作表，将数据粘贴到新工作表中，即可导出数据。

也可以以交叉分析（Excel）方式导出数据。单击选择"工作表"→"导出"→"交叉表到 Excel"命令，Tableau 将自动创建一个 Excel 文件，并把当前视图中的交叉表数据粘贴到这个新的 Excel 工作簿中。

此外，也可以以 Access 数据库文件的方式导出当前工作表中的数据，方法是选择"工作表"→"导出"→"数据"命令，在弹出对话框中为待导出的 Access 数据库文件指定存放路径和文件名（Access 数据库的文件扩展名为.mdb）。

实验确认：□ 学生　□ 教师

11.3.2 导出数据源

有两种方法可以将所有数据或数据子集导出到新数据源。

1. 利用"添加到已保存的数据源"导出数据源

选择"数据"→"<数据源名称>"→"添加到已保存的数据源"命令可以导出数据源文件（.tds）和打包数据源文件（.tdsx），使用这种方式导出的数据源不必在每次需要使用该数据源时都创建新链接。因此，如果经常多次连接同一数据源，推荐用这种方式导出数据源。

在"添加到已保存的数据源"对话框中选择一个用于保存数据源文件的位置。默认情况下，数据源文件存储在 Tableau 存储库的数据源文件夹中。如果不更改存储位置，新.tds或.tdsx 文件将在开始页面的"数据"区域中的"已保存数据源"部分列出。

可以采用以下两种格式来导出数据源。

（1）数据源（.tds）。如果连接的是本地文件数据源（Excel、Access、文本、数据提取），导出的数据源文件（.tds）包含数据源类型和文件路径。如果连接的是实时数据源，导出的数据源文件（.tds）包含数据源类型和数据源连接信息（服务器地址、端口、账号）。无论连接到本地文件还是数据库服务器数据源，数据源文件（.tds）都还包括数据源的默认属性（数字格式、聚合方式和排序顺序等）和自定义字段（如组、集、计算字段和分级字段）。

（2）打包数据源（.tdsx）。如果连接的是本地文件数据源（Excel、Access、文本、数据提取），导出的打包数据源文件（.tdsx）不但包含数据源文件（.tds）中的所有信息，还包含本地文件数据源的副本，因此可与无法访问你计算机上本地存储的原始数据的人共享.tdsx 数据源。如果连接的是实时数据源，采用打包数据源（.tdsx）和数据源（.tds）两种格式所导出文件包含的内容完全相同。

如果创建了参数，并在自定义字段时使用了参数，之后使用"添加到已保存的数据源"方式导出数据源文件（.tds 或.tdsx），数据源文件中将包含创建的参数；如果仅仅创建了参数，但没有被自定义字段使用，之后使用"添加到已保存的数据源"方式导出数据源文件（.tds 或.tdsx），数据源文件中将不包含创建的参数。

打包数据源.tdsx 文件类型是一个压缩文件，可用于与无法访问你计算机上本地存储的原始数据的人共享数据源。

2. 利用"数据提取"导出数据源

选择"数据"→"<数据源名称>"→"提取数据"命令，打开"提取数据"对话框。在对话框中可以定义筛选器来限制将要提取的数据，也可以指定是否聚合数据来进行数据提取（如果对数据进行聚合可以最大限度地减小数据提取文件的大小并提高性能，如按照月度聚合数据），还可以选定想要提取的数据行数，或者指定数据刷新方式（增量刷新或者完全刷新），完成后请单击"数据提取"。在随后显示的对话框中要选择一个用于保存提取数据的位置，然后为该数据提取文件指定文件名称，最后单击"保存"按钮便可创建数据提取文件（.tde）并完成数据源的导出。

用这种方式导出数据源有很多好处：可以避免频繁连接数据库，从而减轻数据库负载；若进行包含数据样本的数据提取，在制作视图时，不必在每次将字段放到功能区上时都执行耗时的查询，因而可以提高性能；在不方便新建数据源服务器时，数据提取可提供对数据的脱机访问，进行脱机分析；而且当基础数据发生改变时，还可以刷新提取数据，与数据库服务器端的数据保持一致。

使用数据提取方式导出的数据源文件（.tde），包括数据源类型、数据源连接信息、默认属性（数字格式、聚合方式和排序顺序等）和自定义字段（如组、集、计算字段和分级字段），但不包含参数。如果创建自定义字段时使用了参数，并且之后进行了数据提取，那么再使用提取数据时，使用了参数的自定义字段将变成无效字段。

实验确认：☐ 学生 ☐ 教师

11.3.3　发布数据源

还可以将本地文件数据源或实时连接的数据库数据源发布到 Tableau Ouline 服务器或 Tableau Server 服务器。将数据源发布到 Tableau Server 和发布到 Tableau Online 服务器上的方法类似。

在"数据"菜单上选择数据源，然后单击"发布到服务器"命令。如果尚未登录 Tableau Server，则会弹出"Tableau Server 登录"对话框，需要在对话框中输入服务器名称或 URL、用户名和密码。

成功登录 Tableau Server 服务器后会看到"将数据源发布到 Tableau Server"对话框。在对话框中需要指定以下内容。

（1）项目。一个项目就像是一个可包含工作簿和数据源的文件夹，在 Tableau Server 上创建。Tableau Server 自带一个名为"默认值"的项目，所有数据源都必须发布到项目中。

（2）名称。在"名称"文本框中提供数据源的名称。使用下拉列表选择服务器上的现有数据源，使用现有数据源名称进行发布时，服务器上的数据源将被覆盖。发布者必须具有"写入/另存到 Web"权限才能覆盖服务器上的数据源。

（3）身份验证。如果数据源需要用户名和密码，则可以指定在将数据源发布到服务器上时应如何处理身份验证。可用选项取决于所发布的数据源的类型：当发布的数据源是本地文件时，身份验证只有"无"选项；当发布数据提取数据源时，身份验证有"无"和"嵌入式密码"两个选项；当发布的数据源是实时新建数据源时，身份验证有"提示用户"和"嵌入式密码"两个选项。

（4）添加标记。可以在"标记"文本框中输入一个或多个描述数据源的关键字。在服务器上浏览数据源时，标记可帮助查找数据源。各标记应通过逗号或空格来分隔，如果标记中包含空格，则输入该标记时应将其放在引号中（如"Profit Data"）。

所发布的数据源的类型不同，"将数据源发布到 Tableau Server"对话框中的选项也会略有差异。

实验确认：☐ 学生 ☐ 教师

11.4　导出图像和 PDF 文件

通过复制图像、导出图像以及打印为 PDF 这 3 种方式，可将 Tableau 动态交互文件转换为打印的静态文件，以导出 Tableau 页面。

11.4.1 复制图像

在工作表工作区环境下，选择"工作表"→"复制"→"图像"命令，并在弹出的"复制图像"对话框中选择要包括在图像中的内容以及图例布局（如果该视图包含图例），然后单击"复制"按钮，此时 Tableau 会将当前视图复制到剪贴板中（见图11-4）。

在仪表板工作区环境下选择"仪表板"→"复制图像"命令，或者在故事工作区环境下选择"故事"→"复制图像"命令，可以将仪表板中的整个视图或故事中当前故事点的整个视图复制到剪贴板。用这两种方法复制图像均不会弹出"复制图像"对话框。

把视图复制至剪贴板中后，可以打开目标应用程序，然后从剪贴板粘贴。

11.4.2 导出图像

图 11-4 复制图像

选择"工作表"→"导出"→"图像"命令，并在弹出的"导出图像"对话框中选择要包括在图像中的内容以及图例布局（如果该视图包含图例），然后单击"保存"按钮，此时弹出"保存图像"对话框。

还可以在仪表板工作区环境下选择"仪表板"→"导出图像"命令，或者在故事工作区环境下选择"故事"→"导出图像"命令，同样会看到"保存图像"对话框。

导出图像与复制图像不同，导出图像会弹出"保存图像"对话框，在对话框中可以对导出图片的类型（如 jpg、png、bmp 等）、名称和路径进行设置。

11.4.3 打印为 PDF

选择"文件"→"打印为 PDF"命令，并在弹出的"打印为 PDF"对话框中单击"确定"按钮，这样可以将一个视图、一个仪表板、一个故事或者整个工作簿发布为 PDF（见图11-5）。

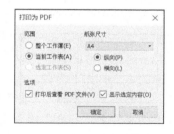

通过"打印为 PDF"对话框选择和设置以下选项。

（1）打印范围设置：选择"整个工作簿"将把工作簿中的所有工作表发布为 PDF，选择"当前工作表"将仅发布工作簿中当前显示的工作表，选择"选定工作表"选项仅发布选定的工作表。

图 11-5 打印为 PDF

（2）纸张尺寸选择：可以利用"纸张尺寸"下拉列表选择打印纸张大小。如果"纸张尺寸"选择为"未指定"，则纸张尺寸将扩展至能够在一页上放置整个视图的所需大小。

（3）选项：如果选择"打印后查看 PDF 文件"复选框，创建 PDF 后将自动打开文件，但请注意只有在计算机上安装了 Adobe Acrobat Reader 或 Adobe Acrobat 时才会提供此选项。如果选择"显示选定内容"复选框，视图中的选定内容将保留在 PDF 中。

说明：

（1）打印工作表时，不包含快速筛选器。若要显示快速筛选器，可创建一个包含工作表的仪表板，并将该仪表板打印为 PDF。

（2）在将仪表板打印为 PDF 时，不会包含网页对象的内容。

（3）在将故事打印为 PDF 时，将把故事中的所有故事点都发布为 PDF。

实验确认：□ 学生 □ 教师

11.5　保存和发布工作簿

用户可以保存配置好的 Tableau 文件，以及将 Tableau 内容发布到服务器进行成果共享和发布。

11.5.1　保存工作簿

工作簿是工作表的容器，用于保存创建的工作内容，由一个或多个工作表组成。在打开 Tableau Desktop 应用程序时，Tableau 会自动创建一个新工作簿。选择"文件"→"保存"命令，会弹出"另存为"对话框（首次保存才会弹出），其中要指定工作簿的文件名和保存路径。

默认情况下，Tableau 使用.twbx 扩展名来保存文件，默认位置为 Tableau 存储库中的工作簿文件夹，但也可以选择将 Tableau 工作簿保存到任何其他目录。

若要另外保存已打开工作簿的副本，可选择"文件"→"另存为"命令，然后用新名称保存文件。

11.5.2　保存打包工作簿

保存成工作簿文件时也将保存指向数据源和其他一些资源（如背景图片文件、自定义地理编码文件）的链接，下次打开该工作簿时将自动使用相关数据和资源来生成视图。这是大多数情况下的工作簿保存方式。但是，如果想要与无法访问所使用数据和资源的其他人共享工作簿，可以把制作好的工作簿以打包工作簿的形式保存。

Tableau 使用.twbx 扩展名来保存打包工作簿文件，文件中包含本地文件数据源（Excel、Access、文本、数据提取等文件）的副本、背景图片文件和自定义地理编码。保存打包工作簿的方式有如下两种。

方式 1：选择"文件"→"另存为"命令，在弹出的"另存为"对话框中指定打包工作簿的文件名，并在"保存类型"下拉列表中选择"Tableau 打包工作簿（.twbx）"，最后单击"保存"按钮。

方式 2：选择"文件"→"导出打包工作簿"命令，在弹出的"导出打包工作簿"对话框中指定打包工作簿的文件名，最后单击"保存"按钮。

打包工作簿文件（.twbx）类型是一个压缩文件，可以在 Windows 资源管理器中的打包工作簿文件上右击，然后在弹出的快捷菜单中选择"解包"。将工作簿解包后会看到一个普通工作簿文件和一个文件夹，该文件夹包含与该工作簿一起打包的所有数据源和资源。

11.5.3　将工作簿发布到服务器

通过发布工作簿可将工作成果发布到 Tableau 服务器上，如 Tableau Server 服务器和 Tableau Online 服务器。工作簿发布到 Tableau Server 和 Tableau Online 的操作是一致的，区别在于发布的目的地不同，及对数据源的类型要求略不同。

发布工作簿时可以将其添加到服务器上的指定项目下，隐藏某些工作表，添加标记以增强可搜索性，指定权限以控制对服务器上工作簿的访问，以及选择嵌入数据库密码以便在Web上进行自动身份验证。

在"服务器"菜单上选择数据源，然后选择"发布工作簿"。如果尚未登录 Tableau 服务器，会看到"Tableau Server 登录"对话框。请在对话框中输入服务器名称或 URL、用户名和密码，然后单击"登录"按钮。

成功登录 Tableau 服务器后，会看到"将工作簿发布到 Tableau Server"对话框。所发布的工作簿中使用的数据源的类型不同，对话框中的选项也会略有差异。

11.5.4　将工作簿保存到 Tableau Public 上

除了可以把工作簿发布到 Tableau Server 和 Tableau Ouline 服务器，还可以把工作簿保存到由 Tableau 托管的免费且公开的服务器 Tableau Public 上。保存到 Tableau Public 的工作簿的数据不得超过 100 万行，且无法把连接到实时数据源的工作簿并保存到 Tableau Public。如果尝试把连接到实时数据源的工作簿保存到 Tableau Public 上，Tableau 会自动提取数据。

选择"服务器"→"Tableau Public"→"保存到 Tableau Public"命令。

如未登录到服务器，会看到 Tableau Public 登录对话框，输入 Tableau Public 账号名和密码即可登录。如果未注册过 Tableau Public 账号，在登录对话框中选择"Create one for FREE！"可以免费创建一个。执行本方法也可将工作簿发布到 Tableau Public。保存到 Tableau Public 的工作簿和基础数据是公开可用的。

实验确认：□ 学生　□ 教师

【实验与思考】熟悉 Tableau 地图分析与发布

1. 实验目的

以 Tableau 系统提供的 Excel"示例-超市"文件作为数据源，依照本章教学内容完成以下内容。

（1）循序渐进地实际完成 Tableau 可视化地图分析的各个案例，尝试建立 Tableau 符号地图、填充地图、多维度地图和混合地图，熟悉 Tableau 数据可视化分析技巧。

（2）循序渐进地实际完成 Tableau 数据分享与发布的各个案例，提高大数据可视化应用能力。

2. 工具/准备工作

在开始本实验之前，请认真阅读课程的相关内容。

需要准备一台安装有 Tableau Desktop（参考版本为 10.5）软件的计算机。

3. 实验内容与步骤

（1）熟悉 Tableau 可视化地图分析。

以 Tableau 系统自带的 Excel"示例-超市"文件为数据源，执行 Tableau 数据地图分析操作，实际体验 Tableau 数据地图分析图形的制作方法与步骤。

请在执行过程中对操作关键点做好标注，在对应的"实验确认"栏中打钩（√），并请

实验指导老师指导并确认。（据此作为本【实验与思考】的作业评分依据）

　　请记录：你是否完成了上述各个实例的实验操作？如果不能顺利完成，请分析可能的原因是什么？

　　答：_____

_____

_____

_____

（2）熟悉 Tableau 共享与发布操作。

以 Tableau 系统自带的 Excel "示例-超市" 文件为数据源，执行 Tableau 分享与发布操作，实际体验 Tableau 数据与可视化分析作品分享与发布的操作方法与步骤。请在执行过程中对操作关键点做好标注，在对应的 "实验确认" 栏中打钩（✓），并请实验指导老师指导并确认。（据此作为本【实验与思考】的作业评分依据）

　　请记录：你是否完成了上述各个实例的实验操作？如果不能顺利完成，请分析可能的原因是什么？

　　答：_____

_____

_____

_____

4. 实验总结

_____

_____

_____

5. 实验评价（教师）

_____

_____

附录 课程设计与实验总结

　　至此，已顺利完成了"大数据可视化"课程的教学任务及其相关的全部实验。为巩固通过实验所了解和掌握的相关知识和技术，请就所学的课程内容做一个全面的复习回顾，尝试完成指定案例（数据集）的可视化设计，并就本课程的学习和实验做一个系统总结。

　　由于篇幅有限，如果书中预留的空白不够，请另外附纸张粘贴在边上。

附录A　课程设计

　　设计要求：请应用 Tableau Desktop 软件分析"某超市销售报告数据"（"示例-超市" Excel 文件），要求其中至少包含3种可视化分析图形和一组仪表板（含故事），并予以发布（打印）。

　　（说明：学生也可以使用自己获得的其他数据源完成本作业）

　　样本数据：由于所提供的数据集庞大，用于开展课程设计的案例样本数据将以 Excel 电子文档形式（某超市销售报告数据.xlsx）提供。

　　栏目说明：案例样本中电子表格"订单"的栏目（变量）共有20列。

　　（1）（A列）行 ID：1~10 000；

　　（2）（B列）订单 ID；

　　（3）（C列）订货日期；

　　（4）（D列）发货日期；

　　（5）（E列）邮寄方式：一级、二级、标准级、当日；

　　（6）（F列）客户 ID；

　　（7）（G列）客户名称；

　　（8）（H列）细分：消费者、小型企业、公司；

　　（9）（I列）城市：国内；

　　（10）（J列）省/市/自治区：全国各地；

　　（11）（K列）国家：中国；

　　（12）（L列）地区：东北、华北、华东、西北、西南、中南；

　　（13）（M列）产品 ID；

　　（14）（N列）类别：办公用品、技术、家具；

　　（15）（O列）子类别：共7种；

　　（16）（P列）产品名称；

　　（17）（Q列）销售额；

　　（18）（R列）数量；

　　（19）（S列）折扣；

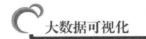

（20）（T 列）利润。

注意：将 Excel 数据读入 Tableau 后，部分栏目要调整数据类型，例如"省/自治区"应调整为"地理值"。

请记录：

（1）你建立的可视化图表是（名字与简单说明，至少 3 项）：

① _____

_____

② _____

_____

③ _____

_____

④ _____

_____

⑤ _____

_____

（2）你建立的仪表板是（名字与简单说明，至少 1 组）：

① _____

_____

② _____

_____

（3）通过对超市销售数据的可视化分析，你获得的数据发现（信息）有（至少 5 项）：

① _____

_____

② _____

_____

③ _____

_____

④ _____

_____

⑤ _____

_____

注意：请保存你所做的可视化分析的作品，以便教师检查或在班级演讲介绍。

实验确认：□ 学生 □ 教师

附录 B 课程学习与实验总结

B.1 课程的基本内容

（1）本学期学习的大数据可视化知识和完成的大数据可视化实验主要有（请根据实际完

成的实验情况填写）：

第 1 章：主要内容是：_____

_____

第 2 章：主要内容是：_____

_____

第 3 章：主要内容是：_____

_____

第 4 章：主要内容是：_____

_____

第 5 章：主要内容是：_____

_____

第 6 章：主要内容是：_____

_____

第 7 章：主要内容是：_____

_____

第 8 章：主要内容是：_____

_____

第 9 章：主要内容是：_____

_____

第 10 章：主要内容是：_____

_____

第 11 章：主要内容是：_____

_____

（2）请回顾并简述：通过实验，你初步了解了哪些有关大数据可视化的重要概念（至少 3 项）：

1）名称：_____

简述：_____

_____

2）名称：_____

简述：_____

_____

3）名称：_____

简述：_____

_____

4）名称：_____

简述：_____

_____

5）名称：_____

简述：_____

_____

B.2　实验的基本评价

（1）在全部实验中，你印象最深，或者相比较而言你认为最有价值的实验是：

1）_____

你的理由是：_____

_____

2）_____

你的理由是：_____

_____

（2）在所有实验中，你认为应该得到加强的实验是：

1）_____

你的理由是：_____

_____

2）_____

你的理由是：_____

_____

（3）对于本课程和本书的实验内容，你认为应该改进的其他意见和建议是：

_____

_____

B.3　课程学习能力测评

请根据你在本课程中的学习情况，客观地对自己在大数据可视化知识方面做一个能力测评。请在表 B-1 的"测评结果"栏中合适的项下打"√"。

B.4　大数据可视化学习与实验总结

_____
_____
_____
_____
_____
_____

B.5　学习与实验总结评价（教师）

_____
_____
_____

表 B-1　课程学习能力测评

关键能力	评价指标	测评结果					备注
		很好	较好	一般	勉强	较差	
大数据可视化基础	1. 了解大数据和大数据时代						
	2. 熟悉大数据可视化的基础概念						
	3. 理解课文【导读案例】						
	4. 熟悉 Tableau 网站的可视化库						
Excel 图表	5. 掌握 Excel 数据图表设计方法						
	6. 熟悉 Excel 数据图表						
	7. 熟悉数理统计中的常用统计量						
	8. 熟悉 Excel 数据可视化方法及其主要应用（直方、折线、圆饼等）						
数据可视化设计的基本概念	9. 熟悉 Tableau 数据可视化基础						
	10. 了解数据可视化设计						
	11. 了解数据可视化过程						
	12. 了解数据可视化组织						
Tableau 数据可视化	13. 熟悉 Tableau 基本界面						
	14. 熟悉 Tableau 数据管理						
	15. 掌握可视化设计能力						
	16. 掌握仪表板与故事功能						
	17. 掌握地图分析功能						
	18. 掌握分享与发布功能						
解决问题与创新	19. 掌握通过网络提高专业能力、丰富专业知识的学习方法						
	20. 能根据现有的知识与技能创新地提出有价值的观点						

说明："很好"5 分，"较好"4 分，其余类推。全表满分为 100 分，你的测评总分为：_____分。

参 考 文 献

[1] 周苏，王文. 大数据可视化[M]. 北京：清华大学出版社，2016.

[2] 周苏，张丽娜，王文. 大数据可视化技术[M]. 北京：清华大学出版社，2016.

[3] Nathan Yau. 数据之美：一本书学会可视化设计[M]. 张伸，译. 北京：中国人民大学出版社，2014.

[4] Phil Simon. 大数据可视化：重构智慧社会[M]. 北京：人民邮电出版社，2015.

[5] 周苏，王文. 大数据导论[M]. 北京：清华大学出版社，2016.

[6] 周苏，冯婵璟，王硕平等. 大数据·技术与应用[M]. 北京：机械工业出版社，2016.

[7] Robert Spence. 信息可视化：交互设计[M]. 2版. 陈雅茜，译. 北京：机械工业出版社，2014.

[8] 恒盛杰资讯. Excel数据可视化：一样的数据不一样的图表[M]. 北京：机械工业出版社，2015.

[9] 刘红阁，等. 人人都是数据分析师：Tableau应用实践[M]. 北京：人民邮电出版社，2015.

[10] David McCandless. 信息之美[M]. 温思玮，等. 北京：电子工业出版社，2012.

[11] 大卫·芬雷布. 大数据云图：如何在大数据时代寻找下一个大机遇[M]. 盛杨燕，译. 杭州：浙江人民出版社，2014.

[12] Phil Simon. 大数据应用：商业案例实践[M]. 漆晨曦，张淑芳，译. 北京：人民邮电出版社，2014.

[13] 野村综合研究所，城田真琴. 大数据的冲击[M]. 周自恒，译. 北京：人民邮电出版社，2013.

[14] 维克托·迈尔-舍恩伯格，肯尼思·库克耶. 大数据时代[M]. 盛杨燕，周涛译. 杭州：浙江人民出版社，2013.

[15] 伊恩·艾瑞斯. 大数据思维与决策[M]. 宫相真，译. 北京：人民邮电出版社，2014.

[16] 汤姆斯·戴文波特. 大数据@工作力[M]. 江裕真，译. 台北：远见天下文化出版股份有限公司，2014.

[17] Lawrence S. Maisel, Gary Cokins. 大数据预测分析：决策优化与绩效提升[M]. 北京：人民邮电出版社，2014.

[18] 埃里克·西格尔. 大数据预测——告诉你谁会点击、购买、死去或撒谎[M]. 周昕，译. 北京：中信出版社，2014.

[19] 史蒂夫·洛尔. 大数据主义[M]. 胡小锐，朱胜超，译. 北京：中信出版社，2015.

[20] Bill Franks. 驾驭大数据[M]. 黄海，车皓阳，王悦，等. 北京：人民邮电出版社，2013.

[21] 周苏，王文. 人机交互技术[M]. 北京：清华大学出版社，2016.

[22] 周苏，柯海丰，王文. 数字媒体技术基础[M]. 北京：机械工业出版社，2015.